安徽省高校优秀青年人才基金资助项目

博士论丛

# 动态问题的
# 商空间求解方法

## Quotient Space Solution Method
## for Dynamic Problems

齐 平 著

中国科学技术大学出版社

# 内 容 简 介

本书首先介绍了传统静态商空间理论的基本概念,讨论了模糊商空间理论,在此基础上提出了多层次、多侧面的商空间合成方法,并将模糊商空间理论应用于云资源调度问题。其次,针对现有商空间理论在动态问题求解上的局限性,借鉴人际关系信任模型和 Bayesian 方法对原有静态商空间理论进行扩展,构建动态商空间模型,并应用于网络图中的最优路径搜索问题、基于 DAG 的云资源调度问题以及边缘任务卸载及调度问题中。

本书可作为从事物联网、大数据分析方向研究人员的参考书。

**图书在版编目(CIP)数据**

动态问题的商空间求解方法/齐平著. —合肥:中国科学技术大学出版社,2022.9
(博士论丛)
ISBN 978-7-312-05478-5

Ⅰ.动…　Ⅱ.齐…　Ⅲ.商空间—研究　Ⅳ.O151.2

中国版本图书馆 CIP 数据核字(2022)第 107912 号

动态问题的商空间求解方法
DONGTAI WENTI DE SHANG KONGJIAN QIUJIE FANGFA

| | |
|---|---|
| **出版** | 中国科学技术大学出版社 |
| | 安徽省合肥市金寨路 96 号,230026 |
| | http://press. ustc. edu. cn |
| | https://zgkxjsdxcbs. tmall. com |
| **印刷** | 合肥华苑印刷包装有限公司 |
| **发行** | 中国科学技术大学出版社 |
| **开本** | 710 mm×1000 mm　1/16 |
| **印张** | 10.25 |
| **字数** | 210 千 |
| **版次** | 2022 年 9 月第 1 版 |
| **印次** | 2022 年 9 月第 1 次印刷 |
| **定价** | 55.00 元 |

# 前　　言

粒计算是目前智能计算领域中的新方法,它涵盖了与粒度相关的所有方法、技术和理论。粒计算通过模拟人类思维来处理复杂问题,是进行海量数据挖掘,复杂、模糊信息处理的有效工具。在当前主要的粒计算模型中,商空间粒计算模型通过构建三元组 $(X, f, T)$ 来描述问题,其中 $X$ 表示论域,$f$ 表示属性函数,$T$ 表示其结构。与其他粒计算模型相比,商空间模型的引入结构 $T$ 可以对论域中元素间的联系进行准确、清晰的描述。

商空间理论的研究发展迅速,在多个方面取得了一系列成果。在实际生产、生活过程中,很多问题的求解是随时间的变化而不断变化的,如交通运输、石油化工、通信工程等诸多领域,问题的技术规范、约束条件与资源环境等随时间发生变化,这类问题的求解被称为动态问题求解。然而,现有对商空间模型及其应用的研究仍只是建立在静态数据或静态商拓扑结构的基础上的,当考虑环境发生变化时,传统的静态商空间理论在动态问题求解的应用受到了限制,急需拓展。

本书通过对静态商空间理论的应用,讨论该理论的优势及其局限性,介绍了应用粒计算理论、概率分析方法和相关信任模型,重点研究了动态问题的商空间求解方法,并将该方法及相应模型应用到动态问题求解中(如最佳路径搜索,云资源、边缘资源调度)。

全书共分 7 章。第 1 章对粒计算、商空间基本知识进行介绍,是后续内容的铺垫。第 2 章介绍了商合成方法,通过对合成方法的扩展,描述了多侧面、多层次的商空间合成模型的构建方法,讨论了模糊等价关系交并运算与距离空间合成以及多侧面商空间合成之间的相互关系。第 3 章针对云环境中的高效资源调度问题,提出了基于模糊商空间理论的资源调度算法。由于动态问题往往具有较高的计算复杂性,目前还没有有效的粒计算形式化理论与方法去解决这样的复杂问题。在第 4 章中,针对拓扑结构随时间变化的情况,借鉴社会学中的信任模型对传统的商空间理论进行扩展,利用 Bayes 方法对节点的可信度进行评估,提出一种基于信任机制的动态商空间模型,然后将该模型应用于最优路径搜索。与此同时,由于云资源节点具有动态性、异构性、欺骗性等特征,该章针对云环境下资源节点的可信度动态评估问题,引入了惩罚机制和分级剪枝过滤机制,构建了一种基于主观 Bayesian 方法的动态商空间模型,能够有效地提高云环境下任务执行的成功率。

在前文基础上,第5章继续深化商空间理论在动态问题求解中的应用,探讨了一种考虑节点失效恢复能力的云服务可靠性动态商模型。该模型引入失效恢复机制,将节点间的交互失效划分为可恢复失效和不可恢复失效,从而将原有基于 Beta 分布的动态商空间模型扩展为基于 Gamma 分布的动态商空间模型。

针对现有以队列方式进行建模的可信云资源调度模型的局限性,第6章提出了一种基于图模型的可信云资源调度算法,将云任务资源需求与云资源动态供给的最优匹配问题转换成最小费用最大流图的构造和求解问题,再结合商空间理论将初始网络转化为规模较小的商网络进行求解,以降低算法时间复杂度,加快调度决策的时效性。

移动边缘计算环境下的计算卸载技术有助于解决移动终端在资源存储、计算性能等方面的不足。然而,在拥有大量计算资源的移动边缘计算环境中,边缘服务器、移动终端以及网络通信链路的不可靠性不可避免,而应用任务的执行失败对工作流任务调度将造成极大的影响。第7章介绍了一种边缘环境下基于动态商模型的任务卸载法,利用 Bayes 方法对移动终端、边缘服务器和云服务器的可信度进行评估,构建移动边缘计算环境下各类计算资源之间的信任关系模型,提出了移动边缘计算环境下基于信任模型的可靠多重计算卸载策略。

本书的研究工作得到铜陵学院以及安徽省高校优秀青年人才基金(gxyqZD2020043)的资助,特此向支持和关心本项研究工作的所有单位和个人表示衷心的感谢。还要感谢教育笔者多年的师长,感谢学长和铜陵学院各位同仁的帮助和支持,感谢出版社同仁为本书出版付出的辛勤劳动。

本书以"基础理论—技术方法—应用实践"为框架,对动态商空间理论及其应用技术进行介绍。然而,由于动态问题求解普遍具有较高的计算复杂性,再加上笔者水平所限,书中疏漏和缺点在所难免,欢迎广大读者不吝赐教。

齐　平

2022 年 2 月 26 日

# 目　　录

# 第 1 章　绪　　论

## 1.1　研究背景及意义

在现实生活中,很多实际问题都能够抽象为不同的数学模型进行求解。近年来,随着科学技术的不断发展,各种优化求解方法得到了研究者们的广泛关注。从经典的问题求解方法发展到智能方法(如高维度数据处理、复杂问题求解、智能算法等),这些问题求解方法已经可以很好地解决大量的静态优化问题[1-2]。

然而,在实际生产、生活过程中,很多问题的求解是随时间的变化而不断变化的,如交通运输、石油化工、通信工程等诸多领域,问题的技术规范、约束条件与资源环境等随时间发生变化,这类问题的求解被称为动态问题求解(dynamic problem solving)[3]。很多复杂的现实世界的优化问题都是动态的,在动态问题求解的过程中,传统算法在讨论这类问题时,往往需要在环境发生变化后重启算法,得到各个静态环境下的解,再将这些解进行累积。而在很多情况下,当环境变化较快时,动态变化的特性会极大地增强了问题求解的难度,最终导致无法进行问题求解[4]。

粒计算理论(granular computing)是人工智能(artificial intelligence,AI)领域研究的热点之一,是目前智能计算领域中的新方法[5],它涵盖了与粒度相关的所有方法、技术和理论。粒计算通过模拟人类思维来处理复杂问题,是进行海量数据挖掘,复杂、模糊信息处理的有效工具。

在粒计算模型中,粒度是指某一论域的簇、类或其子集[6]。论域中具有相似性的或是等价性的元素,称属于同一个粒度。而将论域划分为若干个子集的过程就是对论域的粒度化。因此,粒计算理论的主要思想是:① 根据问题论域构造粒度,包括粒度的表示、粗细和语义;② 在不同的粒度层次上进行求解,用问题可行的近似解替代精确解,提高计算效率,或使原本无法解决或难以解决的问题得到解决。粒计算理论的这一思想模拟了人类思维,充分体现了人类在问题求解过程中的智能。

从提出粒计算理论到现在已有 50 多年,近些年来有关粒计算理论的研究仍然受到广大研究者的关注[7-8]。随着粒计算研究的不断深入,人们从不同侧面、不同角度进行研究,得到了不同的粒计算模型,其中商空间粒计算模型、粗糙集粒计算模型和模糊集粒计算模型是其中较主要的粒计算模型。

Zadeh 于 1965 年提出了模糊集粒计算模型[9-10]。模糊集粒计算模型常应用于复杂信息系统控制及其模糊推理,该模型使用严格的数学方式(隶属度函数)描述模糊度。然而,隶属度函数的主观性使得不同研究中给出的隶属度函数大多不同。因此,这种主观性使得模糊集粒计算模型一般需要与其他理论体系相结合才能有效地处理复杂问题,存在一定的局限性[11]。

在此之后,20 世纪 80 年代波兰学者 Pawlak 提出了粗糙集粒计算模型[12]。粗糙集粒计算模型使用等价关系对原有论域进行划分,通过构造不同属性粒度下的等价类(概念粒),建立由不同大小等价类构成的近似空间。同时,对于边界模糊的集合,使用下近似集和上近似集两个精确集合进行逼近[13]。由上述描述可见,当近似空间的粒度较细时,被近似集合边界域则较窄;反之边界域则较宽。近年来,粗糙集模型被广泛地应用于诸多的研究领域和各类应用背景下的实际问题。然而,对于粗糙集粒计算模型而言,其研究对象仍主要是静态数据,如何快速有效地处理动态变化的数据仍是粗糙集模型研究的关键问题之一[14]。

区别于上述两种粒计算模型,我国学者张铃、张钹提出了商空间粒计算模型,该模型使用结构描述论域中元素之间的拓扑关系。这种描述复杂问题的商空间方法通过对对象结构关系的描述,弥补了模糊集粒计算模型和粗糙集模型中无法表示元素间拓扑关系、缺乏空间结构支持的缺陷[15-17]。商空间理论的研究发展迅速,在多个方面取得了一系列成果,如文本聚类、案例分类、纹理图分割、模糊控制、数据挖掘、复杂网络应用等[18-21]。

然而,上述对商空间模型及其应用的研究仍只是建立在静态数据或静态商拓扑结构的基础上的。当考虑环境发生变化时,就需要将传统的静态商空间理论推广到动态问题求解,较为直接的方法是将描述静态商空间模型的三元组 $(X, f, T)$ 变为描述与时间相关的动态商空间模型三元组 $\{(X(t), f(t), T(t)), t \in [t_0, t_1]\}$。增加时间维 $t$ 后,$X(t)$、$f(t)$ 和 $T(t)$ 分别表示原有静态商空间的论域、属性函数和元素结构随时间动态变化的情况。

但在实际问题求解过程中,用该方法来构建动态商空间模型,往往描述代价很高,很难在短时间内进行求解。此外,当问题求解的维度较高时,各求解因素之间也可能相互关联,因此使用该方法引起求解规模扩大、复杂度提高,增加的求解维度将使计算复杂度随之急剧增加,不利于求解。因此,传统的静态商空间理论在动态问题求解的应用受到了限制,急需拓展。

本书首先通过对静态商空间理论的应用,讨论该理论的优势以及其局限性;之后应用粒计算理论、概率分析方法和相关信任模型,重点研究了基于商空间理论的动态模型构建,并将该模型应用到动态问题求解中(如最佳路径搜索、云资源调度)。

# 1.2　国内外研究现状

动态问题指的是问题求解的目标函数或者其约束条件可能会随着时间的变化而改变,使得问题求解发生变化。动态问题广泛地存在于人工智能、工程设计、生产调度、交通运输、并行数据处理、网络通信和数据挖掘等诸多研究领域,例如工厂内的作业调度[23-24]、动态网络中寻找最优路径[25-26]、空中交通以及机器人路径规划[27]和工业控制系统[28]都属于较为典型的动态问题。由于动态问题求解的实际应用价值巨大,该领域的相关研究引起了国内外众多学者的广泛关注。

有关动态问题求解的研究可以追溯到 17 世纪末提出的关于求解泛函极值的古典变分法。随后的研究者往往将随时间变化后的问题当作独立静态问题进行求解,该方法的缺陷是无法在较短的时间内进行问题求解。因此,当环境变化较快时,求解时间也相应增加直至无法求解。为了在环境变化较快时进行快速求解,一种可行的方法是借助之前获得的历史最优解进行再次求解,该方法在一些应用领域能够满足动态问题求解的需求。然而,随着近代电子、通信、计算机技术的发展,环境随时间的变化速度急剧增长,使得不同时期的最优解之间关联度不大,从而导致该方法求解精度降低,无法满足求解需求。

20 世纪 50 年代基于 Pontryagin 极大值原理的动态问题间接解法和美国数学家 Bellman 等人提出的动态规划法以及随后的迭代动态规划法开启了近代动态问题求解方法的研究。近代动态问题的求解方法主要可以分为直接解法、间接解法、迭代动态规划法和智能启发式算法等。

## 1.2.1　动态问题求解的直接、间接解法

动态问题的间接解法是使用 Pontryagin 极大值原理,将原有系统扩展为 Hamilton 系统得到两点边值问题,再通过单、多变量投射法、常值插入法[29]等方法进行求解。间接解法的缺陷在于两点边值问题的求解较为困难,特别是当问题变得较为复杂时,引入较多的乘子和互补条件使得问题求解变得更加复杂,往往难以求得解析解,因而在实际应用中较少使用[30]。

动态问题的直接解法是将动态优化问题转化为静态优化问题进行求解,通过迭代下降的方式将无限维的动态问题转化为有限维的静态问题,从而直接获得最优解,典型方法有正交配置法[31]、控制变量参数化法[32-33]。直接解法能够有效地求解较为简单的动态问题,但对于具有高阶约束条件下的复杂动态问题,则往往不能够快速稳定地收敛。

## 1.2.2 动态问题求解的迭代动态规划法

动态规划法属于运筹学中对最优化决策过程进行求解的数学方法,该方法把问题求解的多阶段决策转化为多个单阶段决策,再利用各个阶段之间的相互关系,逐步求解。动态规划法具有计算量较大,求解效率比较低的缺点,适用范围较窄。为解决这一问题,Luus 提出了动态规划的迭代实施方式,即迭代动态规划[34]。迭代动态规划在迭代求解的基础上,通过迭代来补偿离散化所带来的系统误差,适用较为稀疏的控制变量离散数目,保证每次迭代时增加的计算量不会过大[35-36]。

迭代动态规划法常应用于常微分方程描述的过程优化中,在一些非线性复杂化工过程中得到了应用[37-40]。然而,迭代动态规划法仍然具有较大的计算量,对于计算密集型问题的求解需要耗费大量的时间,且容易陷入局部最小值。

## 1.2.3 动态问题求解的智能启发式算法

随着科技的不断发展,对动态问题求解提出了更高的要求,找到某个最优解已经不能满足需求,而是需要尽可能跟踪最优解的变化或 Pareto 最优解的变化。

从 20 世纪 90 年代初开始,各类智能启发式算法被广泛地应用到动态问题求解中。如遗传算法(genetic algorithm,GA)常用于求解化工领域动态优化问题[41-42];进化算法(evolutionary algorithm,EA)作为一种随机搜索算法,通过繁殖、变异、竞争和选择四个基本形式模拟生物进化[43-44],其演化出的动态单目标优化算法和动态多目标优化算法在多个研究领域都有较好的应用[45-46];分布估计算法(estimation of distribution algorithm,EDA)是一类基于概率模型的进化算法,利用搜索空间的统计模型替代传统的遗传操作求解动态优化问题[47-48];马尔可夫决策过程(Markov decision process,MDP)通过 $t$ 时刻的系统状态与决策者行为计算 $t+1$ 时刻的系统状态转移,MDP 常应用于计算机系统或计算机网络中的资源动态分配与任务调度[49-50]。

上述智能启发式算法产生之初都是针对静态问题和静态环境的,当环境发生变化时就很难跟踪到变化的最优解,因此处理动态问题的关键在于增加其多样性,例如对于周期变化环境引入记忆机制或使用预测的相关方法。然而,该类算法仍局限于一些测试函数和较为简单的实际问题,对动态问题如何进行更接近实际的建模,例如各类型调度、交通网络优化等有待进一步研究。

## 1.2.4 动态问题求解的粒计算方法

对于大规模海量数据挖掘和复杂问题求解,粒计算理论通过合适的粒度选择搜寻近似的、满足问题需求的解决方案,从而降低计算复杂度。如上节所述,绝大多数的粒计算模型都是基于静态数据的问题求解,如何建立基于动态数据处理的粒计算模型是当前具有广泛应用前景的课题。

随着粒计算理论的不断发展,近些年来研究者们陆续提出了一些基于动态数据处理的粒计算模型和相关应用。钱宇华等人[54]针对静态粒度,采用含有偏序关系的多个等价关系粒处理动态数据,提出了基于粗糙集的动态粒度。张清华[51]等人提出了增量式知识树,其核心思想为利用增量式的知识获取对原有问题的知识树进行更新,构建一种随时间动态变化的知识获取方法,从而实现动态信息处理。张铃[4]等人提出了动态商空间模型,将动态问题$(X(t), f(t), T(t))$转换成高维静态模型$(X_1, f_1, T_1)$,然后将原有静态模型中的相关原理(如保真、保假原理)推广到动态模型,建立动态商空间中相应的保真、保假原理。具体方法为,引入$t$-截网络对动态网络环境下的最大流、最小割定理进行定义,将动态网络转化为各个静态网络的组合,为动态网络分析提供依据[52-53]。

基于动态数据处理的粒计算模型在多个领域也有了具体的应用研究。针对电力负荷的时变结构和非线性特点,陶永芹等人[55]提出的动态模糊神经网络算法,采用商空间理论和模糊神经网络技术对电力负荷进行建模,实现了负荷参数和结构的同时辨别。顾洁等人[56]针对电力系统提出了基于粒计算理论的动态聚类预测模型,该模型使用粒计算理论消除聚类过程中结果与先验知识之间的不协调性,提高了模型效率。针对日益复杂和动态变化的海量数据处理,张钧波等人[57]提出了并行计算粗糙集,讨论等价类、决策类和两者之间相关性算法,设计了云计算环境下的并行粗糙近似集求解算法,并给出了并行增量更新粗糙近似集的算法。

# 1.3　本书内容概述

基于动态数据处理的粒计算模型从提出到现在虽然取得了一定的进展[58-59],但如前文中所述,有关动态粒计算模型的理论分析、算法设计和应用都急需进一步的研究。本书以基于静态数据的商空间粒计算模型为基础,分析了该模型在动态问题求解中的应用和其局限性。针对拓扑结构动态变化的问题,本书重点研究了动态问题的商空间求解模型,并将该模型应用到网络最优路径搜索和基于有向无环图(directed acyclic graph,DAG)的云资源、边缘资源调度中。

# 第 2 章　静态商空间理论及其应用

## 2.1　引　　言

国内学者张铃、张钹提出的商空间粒计算模型[15-17]，是当前粒计算的三大主要模型之一。商空间粒计算模型的核心思想为：对于复杂问题，从多粒度和多层次对问题的特点进行分析、处理，同时可以自由地在不同粒度世界之间进行转换。

与另外两种粒计算模型不同，商空间模型引入拓扑结构描述论域中元素之间的关系，再根据保真、保假原理构造分层递阶商空间链。随着商空间粒计算模型的不断发展，张铃、张钹将商空间理论中的等价关系商空间扩展为模糊商空间理论[60-64]和相容商空间理论[65]，并在此基础上产生了一些相关理论分析和应用[66-68]。

本章首先介绍商空间理论的基本概念、方法，并对商空间合成、分解技术进行总结；之后，在上述商空间理论基本概念的基础上，介绍了模糊商空间理论和相容商空间理论，并提出了基于模糊商空间理论的多层次、多侧面合成方法；最后将模糊商空间理论应用于云资源调度算法，讨论其降低问题求解计算复杂度方面的有效性和在动态问题处理上的局限性。

## 2.2　商空间理论

### 2.2.1　商空间理论概述

#### 2.2.1.1　基于等价关系的商空间理论

基于等价关系的商空间理论使用$(X, f, T)$的三元组来描述复杂问题。在三元组$(X, f, T)$中，$X$表示问题的论域，论域上的属性函数由$f(.)$表示，论域中元素的

拓扑结构使用 $T$ 表示,指论域中元素间的相互关系。

商空间模型最初是建立在等价关系之上的,等价关系是一类重要的二元关系,是商空间理论的数学基础,定义等价关系如下[15-16]:

**定义 2.1**　对于集合 $X,Y,X×Y$ 表示集合 $X$ 与集合 $Y$ 的积集,$R$ 包含于 $X×Y$。令 $(x,y)∈X×Y$,有 $(x,y)∈\mathbf{R}$,称 $x$ 与 $y$ 之间有关系 $R$,记为 $xRy$,$R$ 为 $X×Y$ 上的一个关系。若二元关系 $R$ 是传递的、自反的和对称的,那么 $R$ 是一个等价关系,可以将 $xRy$ 称为 $x \sim y$。

当论域 $X$ 上存在等价关系 $R$,或给出论域某一划分 $\{A_i\}$,则可把论域 $X$ 划分为多个等价类,其所构成的新空间为商空间。

**定义 2.2**　定义商空间 $([X],[f],[T])$ 如下:

$[X]$ 表示对于等价关系 $R$ 的商集;$[f]$ 为属性函数,表示 $[X]→Y$;$[T]$ 为论域上元素的商结构,可以表示为 $\{u \mid p^{-1}(u)∈T,u∈X\}$,其中 $p$ 为自然投影 $X→[X]$。

对于任一问题的描述 $(X,f,T)$,在论域 $X$ 上给定的等价关系 $R$,产生其某一层次上的商空间 $([X],[f],[T])$。以此类推,当存在多个等价关系 $R_1,R_2,\cdots,R_n$ 时,$X$ 上所有不同的商集及其对应形成的商空间为 $([X_1],[f_1],[T_1]),([X_2],[f_2],[T_2]),\cdots,([X_n],[f_n],[T_n])$。

**定义 2.3**　设 $\dot{R}$ 是 $X$ 上一切等价关系的全体,$R_1,R_2∈\dot{R},x,y∈X$,则称 $R_1$ 比 $R_2$ 细,记为 $R_2<R_1$。

**定义 2.4**　对于问题 $(X,f,T)$,存在等价关系 $R_1<R_2<\cdots<R_n∈\dot{R}$,对应的商空间 $([X_1],[f_1],[T_1])<([X_2],[f_2],[T_2])<\cdots<([X_n],[f_n],[T_n])$ 为分层递阶商空间链。

对于某问题 $(X,f,T)$,其初始商空间为 $([X_0],[f_0],[T_0])$,若在商空间 $([X_i],[f_i],[T_i]),1 \leqslant i \leqslant n$ 中无解,则在商空间 $([X_j],[f_j],[T_j]),1 \leqslant j \leqslant i$ 中也必然无解。对于该命题,存在保假定理 2.1 和保真定理 2.2 如下:

**定理 2.1(保假定理)**　若问题 $[A]→[B]$,在 $([X],[f],[T])$ 上无解,则问题 $A→B$ 在 $(X,f,T)$ 上也一定无解。也可叙述为,若问题 $A→B$ 在 $(X,f,T)$ 上有解,则问题 $[A]→[B]$ 在商空间 $([X],[f],[T])$ 上,也一定有解。

**定理 2.2(保真定理)**　若问题 $[A]→[B]$,在 $([X],[f],[T])$ 上有解,而且对于任一 $[x]$,$p^{-1}([x])$ 在 $X$ 上是连通集,则问题 $A→B$,在 $(X,f,T)$ 上也一定有解。

合理地利用保假定理和保真定理可以大大地降低算法计算复杂度,例如,利用保假定理可以删除无解部分,而利用保真定理可以对原问题进行转化,将其变为解空间较小的问题再进行求解。

### 2.2.1.2 基于模糊等价关系的商空间理论

当将论域中的元素进行划分,每一个元素都将明确属于某一个等价类。然而某些时候,很难有如此清晰的分类,甚至有时无法知道是否相交,如{晴天,多云,阴天}。对于分类的边界模糊、不清晰的这类概念,在模糊的情况下,使用模糊等价类来建立模糊商空间。

模糊商空间理论的基本性质[15-16]如下:

**定义 2.5**    设 $X$ 是论域,$X$ 上的一个模糊集 $A$ 是指当 $x \in X$,有一个指定的数 $\mu_A \in [0,1]$,称为 $x$ 对 $A$ 的隶属程度,存在映射

$$\begin{cases} \mu_A : X \to [0,1] \\ x \to \mu_A(x) \end{cases}$$

称为 $A$ 的隶属函数。

令 $F(X)$ 表示 $X$ 上一切模糊子集的集合,则 $F(X)$ 是由 $\mu_A \to [0,1]$ 组成的函数空间。

**定义 2.6**    $X \times X$ 表示 $X$ 与 $X$ 的积空间,设 $\underset{\sim}{R} \in F(X \times X)$(即 $\underset{\sim}{R}$ 是 $X \times X$ 上的一个模糊子集),若 $\underset{\sim}{R}$ 满足下列条件:

① $x \in X, R(x,x) = 1$;

② $x,y \in X, R(x,y) = R(y,x)$;

③ $\forall x,y,z, R(x,z) \geqslant \underset{y}{sup}(\min(R(x,y),R(y,z)))$,

则称 $\underset{\sim}{R}$ 是 $X$ 上的一个模糊等价关系.

在上述定义中可见,论域中的等价关系与划分类似,然而划分要求论域的各个粒度互相不可相交。但是在实际问题求解时,往往不能够保证等价类一定不会相交。因此,针对该问题,可以将基于等价关系的商空间理论扩展到适用面更广的关系上,即在分类不相交时使用确定的等价关系 $R$,反之则使用模糊等价类来建立模糊等价关系。

**定理 2.3**    设 $\underset{\sim}{R}$ 是 $X$ 上的一个模糊等价关系,$[X]$ 是定义 2.5 中定义的商空间,令

$$\forall a,b \in [X], d(a,b) = 1 - R(x,y), \forall x \in a, y \in b$$

则 $d(.,.)$ 是 $[X]$ 上的距离函数。

**定义 2.7**    设 $\underset{\sim}{R}$ 是 $X$ 上的一个模糊等价关系,称由定理 2.3 定义的距离空间 $([X],d)$ 是 $R$ 对应的商结构空间。令 $R_\lambda = \{(x,y) | R(x,y) \geqslant \lambda\}, 1 \geqslant \lambda \geqslant 0$,则 $R_\lambda$ 是 $X(\lambda)$ 上的一个普通等价关系,称 $R_\lambda$ 为 $R$ 的截关系。

对于 $X$ 上的模糊等价关系 $\underset{\sim}{R}$,存在分层递阶结构与之相互对照,对于模糊等价关系 $\underset{\sim}{R}$,其距离空间有:

**定义 2.8**    设归一化距离空间 $([X],d)$,若 $X$ 中任意 3 点构成三角形均为等腰三角形,且腰是大边,则称之为等腰距离。

**定理 2.4**　设 $[X]$ 是 $X$ 的商空间,在 $[X]$ 上给定一个归一化等腰距离函数 $d(.,.)$,对于任意的 $x$、$y(x,y\in X)$,令 $R(x,y)=1-d(x,y)$,则 $R(x,y)$ 为 $X$ 上的一个模糊等价关系。

**定义 2.9**　设 $R_1,R_2$ 是 $X$ 上的两个模糊等价关系,若对任意 $(x,y)\in X\times X$,有 $R_2(x,y)\leqslant R_1(x,y)$,则称 $R_2$ 比 $R_1$ 细,表示为 $R_1<R_2$。

**定理 2.5**　在定义 2.9 下定义的关系"$<$"下,所有 $X$ 上的模糊商空间全体构成一个完备的半序格。

## 2.2.1.3　模糊相容关系

**定义 2.10**　设 $C_i$ 属于 $X$,$i=1,\cdots,n$,若 $\bigcup_{i=1}^{n}C_i=X$,则称 $\{C_i,i=1,\cdots,n\}$ 是 $X$ 的一个覆盖。

**定义 2.11**　设 $\{C_i,i=1,\cdots,n\}$ 是 $X$ 的一个覆盖,作函数 $R:X\times X\to\{0,1\}$ 的函数,令 $R(x,y)=1$ 或 $R(x,y)=0$,称 $R$ 为覆盖 $C$ 对应的相容关系。

**定义 2.12**　$R$ 是 $X$ 上的一个模糊相容关系,任取 $0\leqslant\lambda\leqslant1$,定义

$$R_\lambda(x,y)=\begin{cases}1,&R(x,y)\geqslant\lambda\\0,&R(x,y)<\lambda\end{cases}$$

$R_\lambda$ 为 $R$ 的 $\lambda$ 截,$R_\lambda$ 为一个普通相容关系。

当 $0\leqslant\lambda_1\leqslant\lambda_2\leqslant1$ 时,设存在 $X$ 上的模糊相容关系 $R$,其截相容关系为 $R_{\lambda_1}$、$R_{\lambda_2}$,则模糊相容关系与分层递阶的相容关系链相互对应。

**定理 2.6**　以下命题是等价的:

① 给定 $X$ 上的一个模糊相容关系 $R$;

② 给定 $X$ 上的一个分层递阶的覆盖(相容)链;

③ 给出 $X\times X$ 上的对角线元素 $=1$ 的对称 $[0,1]$ 矩阵;

④ 给定以 $X$ 为节点集的归一化加权网络。

上述 4 项等价表示方式给出了模糊相容关系的定义、具有层次的形式化粒计算表示、几何形式表示和简化表示方式。

## 2.2.2　商空间合成与分解技术

商空间合成技术是商空间粒计算模型的基础理论方法之一,目的为探究各层次之间的相互关系,将原有的复杂问题简化,降低计算复杂度。例如,对某问题有各个方面的描述,这些描述可能是模糊、笼统或者片面的,而将这些描述综合起来的方法就是合成技术。

与商空间合成技术相对应,当对某问题的描述较为复杂时,商空间分解技术为从不同角度来对该问题进行分析。下面对商空间合成技术、分解技术进行介绍。

### 2.2.2.1  商空间合成技术

**定义 2.13**  设问题 $(X,f,T)$ 的不同层次商空间为 $([X_i],[f_i],[T_i])$ 和 $([X_j],[f_j],[T_j])$。商空间合成技术定义某一层次商空间 $([X_k],[f_k],[T_k])$ 为将 $([X_i],[f_i],[T_i])$ 和 $([X_j],[f_j],[T_j])$ 合成后的商空间。

从定义 2.13 可以看出,商空间合成技术可以从论域、拓扑结构、属性函数进行合成。

**1. 论域的合成**

按照论域对商空间 $([X_i],[f_i],[T_i])$、$([X_j],[f_j],[T_j])$ 进行合成,其中 $[X_i]$ 和 $[X_j]$ 是 $X$ 的划分,其对应的等价关系是 $R_i$ 和 $R_j$,合成商空间为 $([X_k],[f_k],[T_k])$,其等价关系为 $R_k$,满足 $xR_ky \leftrightarrow xR_iy$,$xR_ky \leftrightarrow xR_jy$。

论域的合成方法分为上确界合成方法和下确界合成方法,可以使粒度变粗或变细,定义如下:

**定义 2.14**  $[X_i]$ 和 $[X_j]$ 是 $X$ 的划分,$[X_i]$ 与 $[X_j]$ 的积表示为 $[X_i] \times [X_j]$,是 $X$ 的划分,记为 $[X_{\min}]$,则 $[X_{\min}]$ 是 $[X_i]$ 和 $[X_j]$ 的最小上确界合成。$[X_{\min}]$ 对应的等价关系 $R_{\min} = R_i \bigcap R_j$。

**定义 2.15**  $[X_i]$ 和 $[X_j]$ 是 $X$ 的划分,$[X_i]$ 与 $[X_j]$ 的和表示为 $[X_i]+[X_j]$,是 $X$ 的划分,记为 $[X_{\max}]$,则 $[X_{\max}]$ 是 $[X_i]$ 和 $[X_j]$ 的最大下确界合成。$[X_{\max}]$ 对应的等价关系 $R_{\max} = R_i \bigcup R_j$。

**2. 拓扑结构的合成**

与论域合成类似,拓扑结构的合成是按照拓扑结构、半序列结构或是基于运算的结构将商空间 $([X_i],[T_i])$、$([X_j],[T_j])$ 进行合成,得到合成商空间 $([X_k],[T_k])$。

**定义 2.16**  $T_i$ 与 $T_j$ 的合成是 $X$ 上所有拓扑构成的半序格中 $T_i$ 和 $T_j$ 的最小上界 $T_k$,根据合成原则,$T_i$ 或 $T_j$ 是 $T_k$ 在商空间 $X_i$ 和 $X_j$ 的商拓扑,构成满足这个条件的最粗拓扑,如下所示:

$$B = \{w \mid w = u_i \bigcap v_j, u_i \in T_i, v_j \in T_j\}$$

其中 $B$ 为拓扑基,构成的拓扑为 $T_k$。

**3. 属性函数的合成**

属性函数合成是将一些相关联的属性合成,形成新的属性,其实质上是将多个相关联的属性按照具体问题的实际要求进行合并,是对属性函数的简化或降维操作,方便后期进行相关处理,可以将其定义如下:

**定义 2.17**  设已知商空间 $([X_i],[f_i],[T_i])$、$([X_j],[f_j],[T_j])$,其合成商空间 $([X_k],[f_k],[T_k])$ 满足以下条件:

$$p_i[f_k] = f_i, \quad p_i: ([X_k],[f_k],[T_k]) \rightarrow ([X_i],[f_i],[T_i])$$
$$p_j[f_k] = f_j, \quad p_j: ([X_k],[f_k],[T_k]) \rightarrow ([X_j],[f_j],[T_j])$$

设 $D([f],[f_i],[f_j])$ 是给定最优判断标准,有 $D([f_k],[f_i],[f_j])=$ $\min\{[f],[f_i],[f_j]\}$ 或者 $D([f_k],[f_i],[f_j])=\max\{[f],[f_i],[f_j]\}$。

属性函数合成是按照实际问题和实际要求进行合成的,合成后的表格较为简洁。属性函数合成的原则往往和问题求解的最优原则有关,该原则有时不能够从商空间($[X_i]$,$[f_i]$,$[T_i]$)、($[X_j]$,$[f_j]$,$[T_j]$)中得到,而是由该实际问题附加给出的与应用背景有关的最优合成原则。因此,在进行海量数据计算或复杂问题求解时,属性函数合成能够大量的减少计算复杂度。

## 2.2.2.2　商空间分解技术

在实际应用中,往往需要取不同层次的商空间,将多个层次上对原问题的分析综合起来进行问题求解,称为合成技术。如图 2.1 所示先自上而下对原问题进行分解,再对所得多层次商空间进行进一步的分析、求解,称为商空间分解技术。

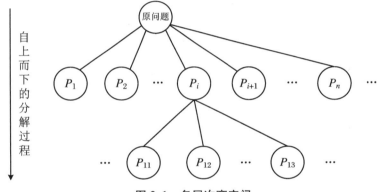

**图 2.1　多层次商空间**

由于对原问题的多层次化商空间转化过程中,各个层次的商空间是由给定的相应等价关系推导得到的,因此多层次问题求解时往往不需要重新在原问题上粒化,可以在已有的商空间之中进行下一步的粒化。

合成、分解技术是商空间理论中关于问题求解的关键技术。合成、分解操作过程中灵活的应用保真定理和保假定理,可以在各个层次的商空间里寻找合适的层次进行问题求解,有效地降低问题的计算复杂度,是商空间粒计算模型的主要工具。

然而,现有的商空间理论中并未将合成、分解技术扩展到模糊领域,如模糊等价类,模糊粒度的交、并运算与商空间合成之间的关系。在下文中,本书提出了基于模糊商空间理论的多层次、多侧面合成方法,并将该方法应用到纹理图分割中。

## 2.3　基于模糊商空间理论的多层次、多侧面合成方法

如前文所述,粒计算模型模拟了人类思维和解决复杂问题的方法,而人类的认知活动,例如对问题的求解过程,通常是由局部到全局,或是由外及内,从浅显到深入。因此,在问题求解时,应当先从不同侧面、不同层次进行观察,再将观察所得的各侧面、各层次信息综合汇总,得到较为整体、全面的认识[15-16]。

在商空间粒计算模型中,合成技术就是为这种综合过程建立的数学模型,再将该模型应用到人工智能的各个应用领域。而针对具体的问题进行商空间合成时,一般会从不同侧面、不同层次去观察问题,从而在不同粒度上获得对象的信息。

然而,在解决实际问题时,如果选择的粒度过细,若陷入组合爆炸则会导致问题无法求解或是问题求解时间过长;而选择的粒度过粗,又有可能失去有价值的信息。而在某些情况下,较为适合的粒度又往往难以进行合成[68]。因此迫切需要构建一种合适的商空间合成方法。

与此同时,在上文的讨论中,或是进行商空间合成时,合成信息的表述都是确定或是清晰的。学者们普遍认为 Pawlak 提出的粗糙集粒计算模型为"清晰的粒度世界",而商空间粒计算模型同样是"清晰粒度"。然而在实际生活中,这些信息具有各自的不确定性。

清晰和模糊是相对而言的,在某些条件下,清晰和模糊可以相互转化[60]。因此,模糊商空间理论将传统的商空间理论与模糊理论相结合,所构建的模糊商空间模型能够更好地对不确定问题进行描述和进行不确定推理,揭示了概念模糊与清晰的本质。随后文献[62]讨论了粒的基本运算,并给出了这些运算的主要性质;文献[63-65]讨论了模糊度的定义和模糊相容商空间;文献[66,67]研究了模糊商空间粒计算模型的分层递阶表述形式,同时明确商空间合成技术与模糊等价关系运算之间的联系。

商空间合成、分解技术是商空间理论的主要工具,被广泛地应用于复杂问题求解和海量信息处理。因此,对于不同的粒化方式,有着不同的商空间合成方法。然而在上述文献中,文献[60-65]虽然讨论了模糊度、模糊商空间的定义和其结构,但并未考虑模糊商空间的合成方法;文献[66-67]给出了在相同论域的情况下,商空间合成技术与模糊等价关系运算之间的联系,但其要求必须在相同论域上才可以进行合成,是该类方法的局限之处。

因此,基于现有的研究和上述讨论,当需要多个多层次结构对某一问题进行描述时,本节使用多侧面表示多个多层次结构,提出了多侧面、多层次的商空间合成模型;此外,对于较难进行合成的问题,根据商空间合成技术与模糊等价关系运算

之间的联系，给出了结合模糊商空间理论的商空间合成方法。

### 2.3.1　多层次、多侧面的商空间合成模型

在粒计算模型中，多层次的粒结构是粒计算模型的基本概念。多层次的粒结构对同一问题提供多种描述，不同描述给出了问题的不同层次，而层的个数并不固定。在构造粒结构的过程中多个层可以合成为一层，同样，一层也可以分割成多个层。

将不同层次的粒组织起来可以构成一个有序的多层次结构。因而，一个多层次结构是对问题的一种描述或观点，称之为问题描述的一个侧面或者一个视角。以此类推，用多个多层次结构描述同一个问题，则会形成多侧面或多视角。单个侧面代表对问题的局部理解，而多侧面代表对问题的从不同角度的描述和理解，是多个单个侧面的组合。

在进行商空间合成时，通常不能一次性地考虑问题的全部细节，这时需要先把问题分解或者简化，忽略其中细节后，从较抽象的层次开始一层层深入并建立起各个层次之间的关联关系。而如何将多个多层次结构优化组合起来，获得对合成后复杂系统的全面理解，仅仅依靠数学模型较难描述的。本节提出了多层次、多侧面的商空间合成模型对其进行描述。

如图 2.2 所示，由于各层的描述方法、定义和分析都不相同，在合成时也应当采用不同的方法。为简化描述，在给定时刻内只考虑三层结构，即上一层 $G_1$、当前层 $G_2$ 和下一层 $G_3$。在进行实际的商空间合成时，当在其中某层进行合成不易求解时，可将其表示为较细粒度进行分析，也可抽象为较粗粒度进行推理，实际为 $G_2$ 的下确界或是上确界。

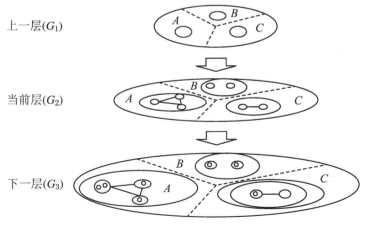

**图 2.2　多层次、多侧面商空间合成模型**

可对层次 $G_1$、$G_2$ 和 $G_3$ 做如下分析：当层次 $G_2$ 由层次 $G_1$ 细化得到，层次 $G_3$ 由层次 $G_2$ 细化得到，则层次 $G_n$ 由层次 $G_{n-1}$ 细化得到，可将层次 $G_1, G_2, \cdots, G_{n-1}, G_n$ 构建

为一个多层次粒结构($n$层)。在这个$n$层的粒结构中,可以自由地对各层取上、下确界,则对于特定问题通过特定的评估函数进行衡量,可以查找到最合适的层再进行商空间合成。

此外,如上文中所述,对于图 2.2 中问题的三个侧面 $A$、$B$、$C$ 而言(即三个多层次结构),每一个侧面都是问题的一个多层次结构,或称为原问题的一种观点、描述。将其推广可知,一个侧面代表了局部分析、理解,多个侧面表示了对多个侧面的理解,如将其合成则得到对于问题的全局理解。可以使用横向关系和纵向关系进行描述。

具体来说,考虑一个简单的海战仿真系统设计问题,将系统设计抽象为三个层次和三个侧面进行分析如下:

$$[A] = \langle 海战仿真设计 \rangle$$
$$= \langle 舰艇情况观察、舰艇、潜艇 \rangle$$
$$= \langle\langle 红方态势观察、蓝方态势观察 \rangle、\langle 潜艇射击、潜艇毁伤 \rangle、$$
$$\langle 舰船射击、舰船毁伤 \rangle\rangle$$

其中,纵向关系为当前层(舰艇层),下一层(动作层)和上一层(概念层)这三个层次之间的相互关系。而上一层是由下层粒度聚合得到,具体的聚合关系根据需要进行选择,如$\langle\langle 舰艇射击 \rangle、\langle 舰艇毁伤 \rangle\rangle \to \langle 舰艇 \rangle$。

如前文所述,横向关系表示同一问题的多个侧面,包括两方面内容:外部关系、内部关系。同一粒层中,信息粒的内部关系是指各个信息粒内部元素的相互关系,如舰体中的元素$\langle 舰艇射击 \rangle$、$\langle 舰艇毁伤 \rangle$。

而外部关系是指信息粒之间的相互关系。当通过纵向关系查找粒层进行商空间合成时,信息粒之间的外部关系给出了在当前层进行合成的具体办法。如$\langle 潜艇、舰体、舰艇情况观察 \rangle$中三元组$\langle 红方态势观察、蓝方态势观察 \rangle$,$\langle\langle 舰艇射击 \rangle、\langle 舰艇毁伤 \rangle\rangle$和$\langle\langle 潜艇射击 \rangle、\langle 潜艇毁伤 \rangle\rangle$的相互关系。

多层次、多侧面的商空间合成模型在复杂问题求解中是一种有效的问题求解模型。例如,在网格计算中可以将网格转化为层次式的数据网格模型,如图 2.3 所示,按照企业应用集成领域中不同业务 QoS 的要求将数据网格的业务请求进行划分,根节点和各级节点的数据互为异地备份,当各级节点或是根节点出现故障时,其他副本可以在根节点恢复之前继续提供服务。在具体求解时,该方法可以在各层商空间中寻找本层最优解,或者按照一定规则跳转到上一层或下一层进行搜索。这种求解方法可以有效地提升系统吞吐率,加快收敛速度并具备线性扩展能力。

## 2.3.2 基于模糊理论的多层次、多侧面商空间合成方法

通过上述分析可知,当确定了合适的层次后,就可以对问题的多个局部视角,即多个侧面进行合成。整体来看,描述问题的多个视角给出了对问题全局的理解,在进行实际求解时,按照不同的合成目的,会存在对各视角赋予权值的不同,所以

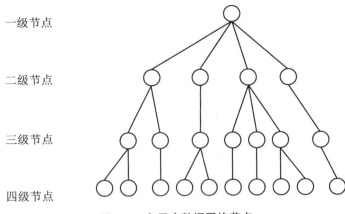

一级节点

二级节点

三级节点

四级节点

图 2.3　多层次数据网格节点

需要考察求解过程对各个侧面的不同偏好。值得一提的是,某些时刻并不需要考虑问题描述的所有侧面,只考虑部分侧面而忽略问题的其他侧面即可,该方法使得在进行商空间合成时,更加具有针对性,同时能够简化问题求解的过程,以提高求解效率。

文献[15-16]研究了商空间合成的具体方法,包括了基于论域的商空间合成方法,基于属性函数的商空间合成方法和基于拓扑结构的商空间合成方法,但并未讨论多个视角和对各视角的偏好问题。文献[67]分析了可以使用模糊等价关系、模糊度的交并运算进行商空间合成,这种基于模糊理论的商空间合成方法可以帮助实现对多个局部视角的组合。

**1. 基于模糊理论的商空间合成方法**

文献[67]将模糊等价关系、模糊度的交并运算与商空间合成技术相联系,可将其概括如下:

**定理 2.7**　给定 $X$ 上一个模糊等价关系 $R$,设其对应一个 $X$ 上的分层递阶结构为 $\{X(\lambda)\,|\,0\leqslant\lambda\leqslant1\}$,则当 $0\leqslant\lambda_1<\lambda_2\leqslant1$,$X(\lambda_1)$ 是 $X(\lambda_2)$ 的商空间。

**定义 2.18**　设 $R$、$S$ 是非空集合 $X$ 上的模糊关系,称 $R\cap S$ 为 $R$、$S$ 合成关系的下确界模糊关系,其中 $(R\cap S)_{(x,y)}=\min(R(x,y),S(x,y))$;称 $(R\cup S)$ 为 $R$、$S$ 合成关系的上确界模糊关系,其中 $(R\cup S)_{(x,y)}=\max(R(x,y),S(x,y))$。

**定理 2.8**　设 $R$、$S$ 是非空集合 $X$ 上的模糊关系,存在 $\lambda(0\leqslant\lambda\leqslant1)$,有 $(R\cap S)_\lambda=R_\lambda\cap S_\lambda$,$(R\cup S)_\lambda=R_\lambda\cup S_\lambda$。

**定理 2.9**　设 $R$、$S$ 是非空集合 $X$ 上的模糊等价关系,存在 $\lambda(0\leqslant\lambda\leqslant1)$,$(R\cap S)_\lambda$、$R_\lambda$、$S_\lambda$ 表示模糊关系的 $\lambda$ 截集。如果 $(R\cap S)_\lambda$、$R_\lambda$、$S_\lambda$ 对应于 $X$ 上的商空间分别为 $[X]_{R\cap S}$、$[X]_R$、$[X]_S$,则 $[X]_{R\cap S}=[X]_R\wedge[X]_S$;同理对于 $(R\cup S)_\lambda$、$R_\lambda$、$S_\lambda$ 表示模糊关系的 $\lambda$ 截集,$T(R\cup S)$ 表示关系 $R\cup S$ 的传递闭包,有 $[X]_{T(R\cup S)}=[X]_R\vee[X]_S$。

**命题 2.1**   设 $\lambda_1$、$\lambda_2 \in [0,1]$，若 $\lambda_1 \leqslant \lambda_2$，则对于集合 $a \in X(\lambda_2)$，存在集合 $b \in X(\lambda_1)$，使得 $a$ 属于 $b$。

**证明**   存在 $x$、$y \in a \in X(\lambda_2)$，则 $(x,y) \in R_{\lambda_2} \geqslant R(x,y) \geqslant \lambda_2 \geqslant \lambda_1 \geqslant (x,y) \in R_{\lambda_1}$，即存在 $b \in X(\lambda_1)$，使得 $x$、$y \in b$，故 $a$ 属于 $b$。得证。

命题 2.1 表明，当 $X(\lambda_2)$ 比 $X(\lambda_1)$ 细时，称 $(\lambda_1)$ 是 $X(\lambda_2)$ 的商集。商空间族 $\{X(\lambda) \mid 0 \leqslant \lambda \leqslant 1\}$ 按照包含关系构成 $X$ 上的分层递阶有序链。其中，$X(0)$ 和 $X(1)$ 分别是最细和最粗的商空间。

使用该方法可以得到商空间序列上的归一化等腰距离函数序列。设 $X$ 上的分层递阶结构 $\{X(\lambda) \mid 0 \leqslant \lambda \leqslant 1\}$，如果所有的 $\lambda$ 按照从小到大排列形成一个序列 $0 \leqslant \lambda_1 < \lambda_2 < \cdots < \lambda_k \leqslant 1$，则对应形成一个递阶结构序列 $\{X(\lambda_1), X(\lambda_2), \cdots, X(\lambda_k)\}$。

设商空间 $X = \{1,2,3,4,5\}$，$d \in D(X)$，$d(1,2) = 0.2$，$d(3,4) = 0.4$，$d(1,3) = d(1,4) = d(2,3) = d(2,4) = 0.5$，$d(1,5) = d(2,5) = d(3,5) = d(4,5) = 0.7$。则可以得到商空间序列 $X(0) = X$，$X(0.2) = \{\{1,2\}\{3\}\{4\}\{5\}\}$，$X(0.4) = \{\{1,2\}\{3,4\}\{5\}\}$，$X(0.5) = \{\{1,2,3,4\}\{5\}\}$，$X(0.7) = \{X\}$。

根据定理 2.8 和定理 2.9 给出的模糊等价关系的交并运算与商空间合成之间的关系，不妨取两个 $X$ 上的模糊等价关系 $R_1$ 和 $R_2$ 进行合并。可以看出，模糊等价关系 $R_1$ 和 $R_2$ 描述的是同一论域 $X$ 上的商空间合成，是选定了某一层次之后，再进行的多侧面合成。

**2. 基于模糊理论的多侧面商空间合成方法**

上文中，定理 2.8 和定理 2.9 给出模糊等价关系交并运算与商空间合成之间的关系，当 $\lambda = 0.5$ 时，模糊等价关系 $R_{1(0.5)}$ 和 $R_{2(0.5)}$ 对应的商空间合成。但是，使用此类方式进行商空间合成具有一定的局限性，该方法不能灵活的对问题描述各个侧面的偏好（权重）进行调整。

在进行商空间合成时，问题赋予各侧面的权值或对各侧面的偏好往往不同，选择同样的阈值则无法表达这种偏好。若将多个侧面的商空间合成转化为不同阈值的模糊等价关系和模糊度的交、并运算，则可实现对各侧面偏好的灵活调整。

**命题 2.2**   给定商空间 $X$，$R_1$、$R_2$ 是 $X$ 上的两个模糊等价关系，若存在 $(x,y) \in (X \times X)$，有 $R_2(x,y) \leqslant R_1(x,y)$，则称 $R_2$ 比 $R_1$ 细，记为 $R_1 < R_2$。对于"$<$"，所有 $X$ 上的模糊商空间全体构成一个完备半序格。

**证明**   任意给定一族 $\{R_a, a \in I\}$ 包含于模糊等价关系 $R$，定义 $R: R_{(x,y)} = \inf_a\{R_a(x,y)\}$；$R: R_{(x,y)} = \sup\{\lambda \mid x = x_0, x_1, \cdots, x_m = y, R_{a1}, \cdots, R_{an}$，满足 $R_{ai}(x_{i-1}, x_i) \geqslant \lambda, i = 1, 2, \cdots, m\}$。

(1) 设 $R^*$ 是 $\{R_a\}$ 的上界，即 $x$、$y$、$a$，有 $R^*(x,y) \leqslant R_a(x,y)$，任意给定 $\varepsilon > 0$，存在 $a_0$ 满足：$R^*(x,y) \leqslant R_{a0}(x,y) \leqslant \inf_a R_a(x,y) + \varepsilon \leqslant R(x,y) + \varepsilon$，令 $\varepsilon$ 趋向于 0，得到 $R^*(x,y) \leqslant R(x,y)$，即得到 $R^*$ 是 $\{R_a\}$ 的上确界。

(2) 任意给定 $\{R_a\}$ 的一个下界 $R_*$，则对任意 $R_a$、$x$、$y$ 有 $R_*(x,y) \geqslant R_a(x,y)$。设 $R(x,y)=a$，任取 $\varepsilon > 0$，则按定义，存在 $x=x_0, x_1, \cdots, x_m=y; R_{a1}, \cdots, R_{am}$，使得 $R_{ai}(x_{i-1}, x_i) \geqslant a - \varepsilon, i=1,2,\cdots,m$。做截关系 $R_{*a-\varepsilon}$，因为 $R_*(x_{i-1}, x_i) \geqslant a - \varepsilon$，得到 $x$、$y$ 在截关系 $R_{*a-\varepsilon}$ 下是等价的，即 $R_*(x,y) \geqslant a - \varepsilon$。令 $\varepsilon \to 0$，得到 $R_*(x,y) \geqslant a$，即 $R_*$ 是 $\{R_a\}$ 的下确界，得证。

因此，就能够将传统的商空间合成、分解方法扩展到不同阈值的模糊等价关系及模糊度计算中。

**定理 2.10** 设 $R$、$S$ 是非空集合 $X$ 上的模糊等价关系，$0 \leqslant \lambda_1 < \lambda_2 \leqslant 1$，$R_{\lambda_1} \cap S_{\lambda_2}$、$R_{\lambda_1}$、$S_{\lambda_2}$ 表示模糊关系的 $\lambda_1$ 和 $\lambda_2$ 截集。如果 $R_{\lambda_1} \cap S_{\lambda_2}$、$R_{\lambda_1}$、$S_{\lambda_2}$ 对应于 $X$ 上的商空间分别为 $[X]_{R_{\lambda_1} \cap S_{\lambda_2}}$、$[X]_{R_{\lambda_1}}$、$[X]_{S_{\lambda_2}}$，则 $[X]_{R_{\lambda_1} \cap S_{\lambda_2}} = [X]_{R_{\lambda_1}} \wedge [X]_{S_{\lambda_2}}$；同理对于 $R_{\lambda_1} \cup S_{\lambda_2}$、$R_{\lambda_1}$、$S_{\lambda_2}$ 表示模糊关系的 $\lambda_1$ 和 $\lambda_2$ 截集，$T(R_{\lambda_1} \cup S_{\lambda_2})$ 表示关系 $R_{\lambda_1} \cup S_{\lambda_2}$ 的传递闭包，有 $[X]T(R_{\lambda_1} \cup S_{\lambda_2}) = [X]R_{\lambda_1} \vee [X]S_{\lambda_2}$。

**证明** $R_{\lambda_1} \cap S_{\lambda_2}$ 包含于 $R_{\lambda_1}$，且 $R_{\lambda_1} \cap S_{\lambda_2}$ 包含于 $S_{\lambda_2}$，由等价关系形成商空间的性质有 $[X]_{R_{\lambda_1} \cap S_{\lambda_2}} \leqslant [X]_{R_{\lambda_1}}$，且 $[X]_{R_{\lambda_1} \cap S_{\lambda_2}} \leqslant [X]_{S_{\lambda_2}}$。对于任意的商空间 $[X]$，如果 $[X] \leqslant [X]_{R_{\lambda_1}}$，且 $[X] \leqslant [X]_{S_{\lambda_2}}$，则存在一个与 $[X]$ 对应的等价关系 $R'$，有 $R'$ 包含于 $R_{\lambda_1}$，且有 $R'$ 包含于 $S_{\lambda_2}$，因此 $R'$ 包含于 $R_{\lambda_1} \cap S_{\lambda_2}$，得证。

定理 2.10 表明，进行多个侧面合成时，可将多侧面的合成转化为不同阈值的模糊等价关系交、并运算。对于模糊等价关系的阈值 $\lambda$，当选择了两个阈值 $\lambda_1$ 与 $\lambda_2$，则 $\lambda_1$ 和 $\lambda_2$ 之间的数值关系就可以表示问题描述对各侧面的偏好。

如图 2.4 所示，对于商空间 $X$，模糊等价关系 $R$ 和 $S$ 分别与 $X$ 某一商空间的距离空间等价。可以将模糊等价关系 $R$ 和 $S$ 转化为两个距离空间 $(X, d_s)$ 和 $(X, d_r)$，则进行商空间合成后得到的商空间也与合成后新距离空间 $(X, d)$ 相对应。

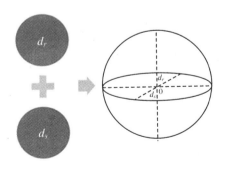

**图 2.4 归一化距离空间合成**

**定义 2.19** 设模糊等价关系 $R$ 和 $S$ 是商空间 $X$ 上的模糊等价关系，使用 $(X, d_r)$ 和 $(X, d_s)$ 分别表示模糊等价关系 $R$ 和 $S$ 的距离空间，设存在 $w \in [0,1]$ 为上述距离空间的权值，则进行商空间合成后的新距离空间 $(X, d)$ 满足下式：

$$d = \sqrt[2]{w d_r^2 + (1-w) d_s^2} \qquad (2.1)$$

可以将待合成的距离空间推广到 $n$ 个,具体如下:

**定义 2.20** 设商空间 $X$ 上存在 $n$ 个模糊等价关系,其中 $R_i$ 为第 $i$ 个模糊等价关系,距离空间用 $(X, d_i)$ 表示,使用 $W_i \in [0,1]$ 表示各个待合成距离空间的权值,有 $\sum\limits_i W_i = 1$,则进行商空间合成后的新距离空间 $(X, d)$ 满足式(2.2):

$$d = \sqrt[2]{\sum_{i=1}^{i=n} W_i d_i^2} \qquad (2.2)$$

## 2.4 基于模糊商空间理论的云资源调度算法

云计算(cloud computing)[72-74]和分布式计算、网格计算等计算方法不同,它是以商业目的为主要推动力的分布式计算范式,是虚拟化技术、并行计算、网格计算不断发展的产物。云计算利用虚拟技术、瞬时部署和抽象化描述等关键技术,通过互联网直接按照需求获取存储空间、计算能力等商业化计算服务。

由于云计算将大量动态、虚拟、异构的资源包装成为互联网服务,实现资源共享和协同工作,因此如何将这类服务提供给用户,同时保障各类用户得到所需的服务质量是云计算所面临的关键问题。

云计算环境下的静态资源调度算法从不同角度,采用不同策略对云资源进行调度,主要包括基于负载均衡的资源调度算法、基于多个虚拟化资源池的资源调度算法、基于随机整数规划问题的资源调度算法、基于启发式搜索算法的资源调度算法和基于某些经济学需求和理论的资源调度算法等。

文献[75-77]分析了基于遗传算法的云资源调度算法和基于蚁群算法的云资源调度算法。文献以平均任务完成时间或者总任务完成时间为优化目标,通过这些智能算法为用户任务进行虚拟机查找。文献[78]给出基于多 Agent 的网络管理基础设施,该设施和资源—任务调度器相连接,通过对各资源节点的实时运行状况动态调节以达到负载平衡。文献[79]利用虚拟化技术将异构、分布式的云资源转化为多个多级云资源池,按照系统需求提供不同算法完成任务—资源调度。文献[80-81]则利用随机整数规划法考虑用户调度期间各阶段的资源消耗,改变自身的资源提供方式,对资源进行动态分配。而文献[82-83]考虑经济学问题,从经济学角度提出了关于云计算资源调度的经济学模型,通过引入机会成本和沉没成本细化资源调度模型,降低成本。文献[84]使用 QoS 参数和 QoS 层次模型给出了基于 QoS 的云资源管理系统,该系统通过转换和映射 QoS 参数,改善资源管理系统中的用户的 QoS 体验。文献[85-86]也从 QoS 角度出发,给出了对用户、服务商而言都"公平"的云资源调度策略,该方法在满足用户 QoS 的前提下,力图把云任务匹配到当前最合适的云资源。

上述文献从不同角度,使用不同方式研究了云资源的调度方法,但是云计算环境包括服务的提供者(服务商)与请求者(用户)两种参与者,因而资源调度策略也涉及服务方资源的存储、计算能力,数据安全、带宽等因素,以及用户多样性的需求等问题。因此,在进行资源调度前迫切需要对系统进行深入而全面的分析,具体如下:① 按照用户任务的各类特征进行有目的的搜索,提高资源搜索效率,降低资源搜索时间、空间,保障用户服务 QoS;② 针对用户任务的需求特征,云服务方需要动态的进行资源选择和重定向,而上述调度算法只考虑了资源-服务配对,未考虑用户任务自身特征对资源调度和用户服务 QoS 的影响。

针对于上述问题,本节将模糊商空间理论和云资源调度算法相结合。首先,对云资源调度的层次化特点进行分析,建立相应的商空间模型,将用户任务、服务商资源和用户 QoS 服务需求抽象为不同层次的商空间信息粒;其次,针对用户任务QoS 需求,在云服务商和用户之间建立考虑任务特征(偏好)的模糊等价关系,帮助系统灵活的搜索资源;最后,对用户任务的各项属性进行量化,仿真实验表明基于模糊商空间理论的云资源调度算法在云服务的 QoS 满意度、任务完成时间与服务商成本等方面都实现了较好的性能。

## 2.4.1　问题建模

作为云系统的重要组成部分,云资源调度算法通过虚拟化等方法按照用户付费情况按需进行资源匹配,因而云计算环境下任务调度模型的准确建模对评估云服务的性能非常重要。

服务质量是对一个或多个对象所期望服务的描述,对于不同的应用任务,如多媒体应用、网络应用或是某些云应用,服务质量对象和其描述也不相同,因此用户QoS 在不同的应用环境具有不同的含义。为了保证云用户的服务质量,尽可能使用户期望得到满足,就需要通过对服务质量的建模和量化,对用户 QoS 和云服务质量进行评估。

与此同时,对用户任务而言,服务质量集合本身也存在差异性。因此,针对不同用户应用需求,可以使用模糊商空间理论对虚拟机属性进行粒化,并引入权值(用户任务对各属性的偏好)作为附加属性合成各个虚拟机属性信息粒[87],使用该方法对虚拟机进行评估更具公正性与合理性。

通过前文中的分析可知,构建多粒度的模糊商空间模型,可以将查找与用户需求更接近的云资源这一问题转变为在由各个属性信息粒合成的多粒度模糊商空间上求解最小距离空间 $d(.,.)$ 的问题。

**1. 云资源调度模型**

**定义 2.21**　定义云资源调度模型(cloud resource scheduling model)由 $m$ 个

用户任务和 $n$ 个云资源节点组成,可以将其描述为四元组 $(V, U, f, T)$。在四元组中,$V$ 表示由 $n$ 个云资源所组成的虚拟机资源集合;$U$ 表示由 $m$ 个用户任务组成的 QoS 特征集合,对于其中某一任务 $u_i$,$W$ 给出了该虚拟机各属性信息粒的权值;约束关系由 $f(.)$ 表示,约束关系包括距离函数 $d(x, y)$ 与所建立的模糊等价类相对应;$T$ 表示用户任务之间的拓扑关系。

云资源集合 $V = (vm_1, vm_2 \cdots, vm_n)$,由云环境中 $n$ 个虚拟机资源组成,虚拟机资源相互独立,对于第 $i$ 个虚拟机,其特征可描述为 $vm_i = (C_{i1}, C_{i2}, C_{i3})(i \in [1, n])$。$C_{i1}, C_{i2}, C_{i3}$ 分别描述了虚拟机资源的 CPU 属性,Memory 属性和 Bandwidth 属性。

云任务集合 $U = (u_1, u_2 \cdots u_m)$,由云环境中 $m$ 个用户任务组成,对于第 $i$ 个用户任务 $u_i = (task_{i1}, task_{i2}, task_{i3}, task_{i4}, task_{i5}, task_{i6})$,$(i \in [1, m])$,使用集合 $\{task_{i1}, task_{i2}, task_{i3}, task_{i4}, task_{i5}, task_{i6}\}$ 分别描述云任务属性:$\{Length, File\_size, Output\_size, ExpectC, ExpectM, ExpectB\}$。

对于云资源中的虚拟机 $vm_i$,其属性权值使用 $W_i$ 描述,有 $W_i = (w_{i1}, w_{i2}, \cdots, w_m)$。表示用户任务 $u_i$ 对于虚拟机 $vm_j$ 各属性 $C_{j1}, C_{j2}, C_{j3}$ 的偏好,其中 $w_i$ 是任务 $u_i$ 的附加属性。因此,对于用户任务 $u_i$,可以将云资源中虚拟机属性按照其权值调整为 $(w_{i1}C_{j1}, w_{i2}C_{j2}, w_{i3}C_{j3})$。

距离空间函数描述了用户期望的虚拟机属性 $X$ 与待分配虚拟机 $Y$ 的各属性之间的差距,用 $d(x, y)$ 表示。$d(x, y)$ 越小说明该虚拟机越能满足用户需求。

**2. 云资源属性归一化处理**

云计算环境中,虚拟机资源的各项属性特征取值范围和物理意义都不相同,因此要将这些属性信息的值域归一到统一区间 $[0, 1]$。通过分析可知,虚拟机属性与其值域存在线性变化的关系,因此可以使用最小-最大法[89]进行规范处理。

设虚拟机资源集合 $V = \{vm_1, vm_2, \cdots, vm_n\}$,其中第 $i$ 个虚拟机资源 $vm_i$ 包含 $t$ 维不同特征属性,$vm_i = (vm_{i1}, vm_{i2}, \cdots, vm_{it})$。假设 $\max(vm_{it})$ 是虚拟机 $vm_i$ 的第 $t$ 维属性取值的最大值,$\min(vm_{it})$ 是虚拟机 $vm_i$ 的第 $t$ 维属性取值的最小值。按照对虚拟机特征属性的评价方法,如果 $vm_{it}$ 的取值越大表示云服务质量越好,则采用式(2.3)进行规范化:

$$vm'_{it} = \left[ \begin{array}{ll} \dfrac{\max(vm_{it}) - vm_{it}}{\max(vm_{it}) - \min(vm_{it})} & \max(vm_{it}) - \min(vm_{it}) \neq 0 \\ 1 & \max(vm_{it}) - \min(vm_{it}) = 0 \end{array} \right] \quad (2.3)$$

如果 $vm_{it}$ 的取值越小表示云服务质量越好,则采用式(2.4)进行规范化:

$$vm'_{it} = \left[ \begin{array}{ll} \dfrac{vm_{it} - \min(vm_{it})}{\max(vm_{it}) - \min(vm_{it})} & \max(vm_{it}) - \min(vm_{it}) \neq 0 \\ 1 & \max(vm_{it}) - \min(vm_{it}) = 0 \end{array} \right] \quad (2.4)$$

经过虚拟机特征属性规范化后,每类属性 $vm_{it}$ 的取值范围由原来 $[\min(vm_{it}), \max(vm_{it})]$ 区间转换到 $[0, 1]$ 区间。

**3. 虚拟机属性信息粒合成**

由文献[15-16]和前文内容可知,一种粒化方式对应了一个粒度结构,而多种粒化方式对应了多个粒度结构。当给定多个粒层及粒层上关于问题求解的描述时,则需要选择合适的粒层再进行求解。

在云资源调度系统中,不同的用户任务具有不同的服务质量需求。例如,通信较多的用户任务偏向于选择带宽较高的虚拟机,而计算量较大的用户任务偏向于选择 CPU 性能较好的虚拟机。因此在对虚拟机的各属性进行合成时,需要赋予各属性信息粒不同的权值。

在本节使用主客观赋权模式[88]来确定各虚拟机属性信息粒的权值,从而对各个虚拟机属性信息粒进行合成。其中,主观赋权模式表示权重完全由用户偏好确定,而客观赋权模式表示权重完全由客观数据确定。主客观赋权模式综合主观赋权模式和客观赋权模式的优点,即可体现服务质量的客观性,也易于体现用户任务个性偏好,下面对其进行详细描述:

（1）主观赋权模式

设云计算环境下由用户偏好给出虚拟机各属性信息粒的权值,将其主观赋权模式定义如下:

**定义 2.22**　设对于用户任务 $u_i$,虚拟机 $vm$ 的第 $t$ 维属性信息粒权值为 $w_{it}$,用户给出矩阵 $\boldsymbol{D}=[d_{tj}]_{3\times3}$ 表示对虚拟机各属性的偏好,其中虚拟机的第 $t$ 维特征相对第 $j$ 维特征的重要程度用 $d_{tj}(j,t\in[1,3])$ 描述,使用加权最小二乘法给出主观赋权模式下各虚拟机属性权值如式(2.5)所示:

$$\begin{cases} \min f_1 = \sum_{t=1}^{3}\sum_{j=1}^{3}(d_{tj}\,w_{ij}-w_{it})^2, & j,t=1,2,3 \\ \sum_{t=1}^{3}w_{it}=1, & w_{it}\geqslant 0 \\ d_{tj}=\dfrac{1}{d_{jt}}, & d_{tj}>0, d_{tt}=1 \end{cases} \tag{2.5}$$

（2）客观赋权模式

设云计算环境下由客观数据给出虚拟机各属性信息粒的权值,将其客观赋权模式定义如下:

**定义 2.23**　设对于用户任务 $u_i$,虚拟机 $vm$ 的第 $t$ 维属性信息粒权值为 $w_{it}$,使用矩阵 $\boldsymbol{A}=[a_{jt}]_{n\times3}$ 描述虚拟机资源 $vm_j$ 完成任务 $u_i$ 时的各属性信息,存在 $a_t^*=\max\{a_{1t},a_{2t},\cdots,a_{nt}\}$,使用均方差法给出客观赋权模式下各虚拟机属性权值如式(2.6)所示:

$$
\begin{cases}
\min f_2 = \sum_{j=1}^{n} \sum_{t=1}^{3} (a_t^* - a_{jt})^2 \, w_{it}^2, \quad t = 1,2,3 \\[2mm]
\sum_{t=1}^{3} w_{it} = 1, \quad w_{it} \geqslant 0
\end{cases}
\tag{2.6}
$$

（3）主客观赋权模式

主客观赋权模式将客观赋权模式与主观赋权模式相结合,在通过用户比较矩阵体现用户服务质量需求的基础上,使用客观赋权模式以实际数据保障云服务的效用最大化,可将主观赋权模式定义如下:

**定义 2.24** 设对于用户任务 $u_i$,虚拟机 $vm$ 的第 $t$ 维属性信息粒权值为 $w_{it}$,使用矩阵 $\boldsymbol{D} = [d_{tj}]_{3\times3}$ 表示对虚拟机各属性的偏好,使用矩阵 $\boldsymbol{A} = [a_{jt}]_{n\times3}$ 描述虚拟机资源 $vm_j$ 完成任务 $u_i$ 时的各属性信息,使用线性函数给出主客观赋权模式下各虚拟机属性权值如式(2.7)所示:

$$
\begin{cases}
\min f_1 = \sum_{t=1}^{3} \sum_{j=1}^{3} (d_{tj} \, w_{ij} - w_{it})^2 \\[2mm]
\min f_2 = \sum_{j=1}^{n} \sum_{t=1}^{3} (a_t^* - a_{jt})^2 \, w_{it}^2 \\[2mm]
\min f_3 = \lambda \sum_{t=1}^{3} \sum_{j=1}^{3} (d_{tj} \, w_{ij} - w_{it})^2 + (1-\lambda) \sum_{j=1}^{n} \sum_{t=1}^{3} (a_t^* - a_{jt})^2 \, w_{it}^2 \\[2mm]
\sum_{t=1}^{3} w_{it} = 1, \quad w_{it} \geqslant 0, \lambda \in (0,1)
\end{cases}
\tag{2.7}
$$

## 2.4.2 云资源调度算法描述

云服务商和云用户共同构成了云环境下的资源调度系统,考虑云计算具有的商业化特性,可以使用 QoS 对云服务质量进行评估。因此,在进行具体的资源-任务匹配时,为了给每个用户任务匹配较为适合的虚拟机资源,应当先对云环境下的虚拟机资源进行分类,而该分类方式反映了在问题求解时,人们的认知特点,即从不同粒度描述问题,针对问题选择合适的粒层再进行问题求解。

### 2.4.2.1 构造基于用户服务质量需求的多层次粒结构

从云用户角度来看,不同云任务对虚拟机属性的需求也不相同。对于网络通信较多的云任务,用户需求为带宽较高的云资源;而对于进行大数据集运算的云任务,则需求计算性能较高的云资源。因此,对于云用户的不同服务质量需求,本节将云环境下虚拟机资源的属性信息描述为三个属性特征信息粒,即 $C_{i1}$、$C_{i2}$、$C_{i3}$,如图 2.5 所示。

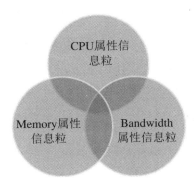

**图 2.5　虚拟机属性信息粒**

图 2.5 中云用户对某一类服务质量需求使用信息粒不相交部分描述。分类相交部分(即两个或多个信息粒进行粒度融合后的相容等价关系)描述了云用户需求两类或多类服务质量。实质上,云资源调度过程中,用户往往需求多类服务质量,因此先在较粗的粒度上选择具体的粒度融合区域,再细化到局部进行问题求解。使用该方法可以减少问题搜索空间,提高了资源发现的速度。

在建立起多层次粒度空间后,对于不同的用户任务,需要按照用户特征选择合适的粒层建立模糊等价类,以满足用户的不同偏好。实际上,建立模糊等价类在满足用户需求的同时,也可以提高服务方的提高资源利用率,同时降低服务成本。例如,当云任务进行较多的网络通信而计算量较少时可以选择带宽高而计算能力较弱的虚拟机资源,然而该虚拟机在运行计算量较大的用户任务时往往不能满足需求。因此,性能较好的虚拟机资源总被占用,而其他性能较低的虚拟机资源却得不到充分的利用。

因而,结合模糊商空间理论为虚拟机资源构建模糊等价类,可以使服务商在用户服务质量需求允许的范围内对虚拟机资源进行灵活的调整、匹配,减少负载不均,提高资源利用率,以降低成本、提高虚拟机资源利用率。

## 2.4.2.2　构造基于用户 QoS 需求的模糊等价类

如前文所述,模糊等价关系与距离空间等价,在进行信息粒融合和局部细化后,应当使用距离函数 $d(x,y)$ 按照模糊等价关系为虚拟机资源构建模糊等价类,供服务商为任务匹配合适的虚拟机资源。其中,距离函数 $d(x,y)$ 是用户期望与匹配虚拟机资源的相似度。设 $(X_1, X_2, \cdots, X_n)$ 为期望的虚拟机属性,$(Y_1, Y_2, \cdots, Y_n)$ 为服务商提供的虚拟机资源属性,定义距离函数如式(2.8)所示:

$$d(x,y) = \sqrt{(W_1 X_1 - W_1 Y_1)^2 + \cdots + (W_n X_n - W_n Y_n)^2} \qquad (2.8)$$

### 2.4.2.3　构建基于用户任务$QoS$的多粒度模糊商空间

由模糊商空间理论可知,当$X$上存在的一个模糊等价关系$R$,其截关系为$R_\lambda$,$R_\lambda$对应的商空间为$X(\lambda)$,$0\leqslant\lambda\leqslant1$,使用$d(x,y)$作为标准可建立多粒度模糊商空间$X(\lambda)$。因此,需要求出每一个用户任务$Task_i$与虚拟机$vm_j$的距离向量$d(i,j)$,同时令$D=\{d(x,y),x,y\in X\}$,$X=\{X_1,X_2,\cdots,X_n\}$,则$\{X(\lambda)|0\leqslant\lambda\leqslant1\}$是$X$上的一个分层递阶结构。

设虚拟机集合为$VM=\{vm_1,vm_2,\cdots,vm_{14}\}$,使用距离函数$d(x,y)$为虚拟机资源构建模糊等价关系$R$和归一化距离空间$d(i,j)$,如表2.1所示。

表 2.1　模糊等价关系$R$

| $D_{ij}$ | 1 | 2 | 3 | 4 | 5 | 6 | 7 | 8 | 9 | 10 | 11 | 12 | 13 | 14 |
|---|---|---|---|---|---|---|---|---|---|---|---|---|---|---|
| $vm_1$ | 1 | | | | | | | | | | | | | |
| $vm_2$ | 0 | 1 | | | | | | | | | | | | |
| $vm_3$ | 0 | 0 | 1 | | | | | | | | | | | |
| $vm_4$ | 0 | 0 | 0.1 | 1 | | | | | | | | | | |
| $vm_5$ | 0 | 0.8 | 0 | 0 | 1 | | | | | | | | | |
| $vm_6$ | 0.5 | 0 | 0.2 | 0.2 | 0 | 1 | | | | | | | | |
| $vm_7$ | 0 | 0.8 | 0 | 0 | 0.4 | 0 | 1 | | | | | | | |
| $vm_8$ | 0.4 | 0.2 | 0.2 | 0.4 | 0 | 0.8 | 0 | 1 | | | | | | |
| $vm_9$ | 0 | 0.4 | 0 | 0.8 | 0.4 | 0.2 | 0.4 | 0 | 1 | | | | | |
| $vm_{10}$ | 0 | 0 | 0.2 | 0.2 | 0 | 0 | 0.2 | 0 | 0.2 | 1 | | | | |
| $vm_{11}$ | 0 | 0.5 | 0.2 | 0.2 | 0 | 0 | 0.8 | 0 | 0.4 | 0.2 | 1 | | | |
| $vm_{12}$ | 0 | 0 | 0 | 0.8 | 0 | 0 | 0 | 0 | 0.4 | 0.8 | 0 | 1 | | |
| $vm_{13}$ | 0.8 | 0 | 0.2 | 0.4 | 0 | 0.4 | 0 | 0.4 | 0 | 0 | 0 | 0 | 1 | |
| $vm_{14}$ | 0 | 0.8 | 0 | 0.2 | 0.4 | 0 | 0.8 | 0 | 0.2 | 0.2 | 0.6 | 0 | 0 | 1 |

使用距离向量可求得分层递阶的模糊商空间,按照不同的$\lambda$取值得

$VM(0)=\{\{vm_1\},\{vm_2\},\cdots,\{vm_{14}\}\}$

$VM(0.2)=\{\{vm_1,vm_{13}\},\{vm_2,vm_5,vm_7,vm_{11},vm_{14}\},\{vm_3\},\{vm_4,vm_9,vm_{10},vm_{12}\},\{vm_6,vm_8\}\}$

$VM(0.4)=\{\{vm_1,vm_6,vm_8,vm_{13}\},\{vm_2,vm_5,vm_7,vm_{11},vm_{14}\},\{vm_3\},\{vm_4,vm_9,vm_{10},vm_{12}\}\}$

$VM(0.6)=\{\{vm_1,vm_2,\cdots,vm_{14}\}\}$

$VM(0.8)=\{\{vm_1,vm_2,\cdots,vm_{14}\}\}$

$VM(1)=\{\{vm_1,vm_2,\cdots,vm_{14}\}\}$

图 2.6 为分层递阶的模糊商空间 $VM(\lambda)$ 的结构,由图可见,当 $\lambda$ 取值为 0.2 时,属于同一模糊等价类的分别为 $\{vm_1, vm_{13}\}$、$\{vm_2, vm_5, vm_7, vm_{11}, vm_{14}\}$、$\{vm_3\}$、$\{vm_4, vm_9, vm_{10}, vm_{12}\}$、$\{vm_6, vm_8\}$。因此,当用户选择虚拟机 $vm_4$,而 $vm_4$ 已经被使用时,云服务商可以使用 $vm_9$、$vm_{10}$ 或 $vm_{12}$ 替代 $vm_4$,避免了某些虚拟机资源被反复利用,而另一些虚拟机长期闲置,提高了资源的利用率。

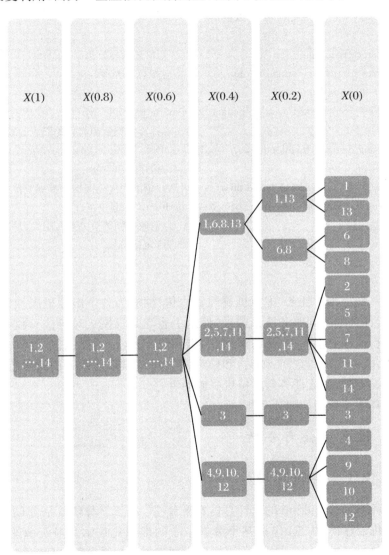

**图 2.6　模糊商空间 $X(\lambda)$ 结构图**

### 2.4.2.4　算法描述

**算法 2.1**　云环境下基于模糊商空间的资源调度算法。

输入：用户任务集合 $U=(u_1,u_2,\cdots,u_m)$，虚拟机资源集合 $V=(vm_1,vm_2,\cdots,vm_n)$，属性比较矩阵。

输出：用户任务匹配到虚拟机资源序列。

Begin

Task parametrization;　　　　　　　　//用户任务参数化

Resources parameter normalization;　　　//虚拟机资源参数化

for $u_i$ , $i=1$ to $m$ {

eucDis[i]＝computing Euclidean distance of expectation and VM;

　　　　　　　　　　　//计算期望资源与分配资源的欧氏距离

Computing distance functiond$(x,y)$ based on eucDis[$i$] and weight matrix;

　　　　　　　　　　　　//构建距离空间

Fuzzy quotient space $X(\lambda)$ based on $d(x,y)$;　　//依照距离空间构建模糊等价关系

Selectvm according to the require of $u_i$ based on Fuzzy equivalence;

　　　　　　　　　　　//依照模糊等价关系匹配虚拟机

Bindingvm to Task $u_i$;　　　　　　　//绑定虚拟机

}

End;

算法首先将用户任务、虚拟机属性参数化，抽象为各个虚拟机属性信息粒；其次，对于云任务的不同服务质量需求，使用主客观赋权模式对各信息粒赋权，在各粒度上进行模糊商空间的合成；最后，距离函数 $d(x,y)$ 为虚拟机资源构建模糊等价关系 $R$，归一化距离空间 $d(i,j)$ 和模糊商空间 $X(\lambda)$，云服务商按照用户服务质量需求匹配资源，完成任务与虚拟机资源的绑定。

具体算法流程图如图 2.7 所示。

## 2.4.3　仿真实验与分析

### 2.4.3.1　实验环境

实验环境为 CloudSim 的云计算仿真平台[90-91]。云计算仿真平台 CloudSim 提供了虚拟化云建模、仿真，包括基于数据中心的虚拟化技术和对资源的管理与调度。该平台通过可扩展、通用的仿真框架为用户提供一系列可扩展实体或方法。

针对云资源调度问题，需要重载 Datacenter Broker 类下 bind Cloudlet To VM 方法。同时，修改 Datacenter Broker 的相关属性，为用户任务添加三组服务质量需求属性；在实现自定义的调度算法后，重新编译并打包 CloudSim。算法开发环境为 jdk 1.60_24 和 clipse3.6.2。

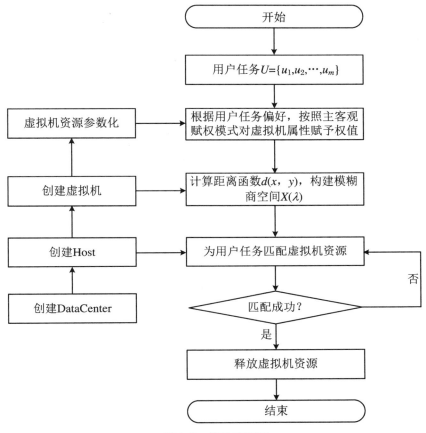

**图 2.7　算法流程图**

## 2.4.3.2　仿真实验数据与参数设置

为考察基于模糊商空间理论的云资源调度算法,首先构造云任务,其属性集(CloudLet,Length,File_size,Output_size,ExpectC,ExpectM,ExpectBW)如表 2.3 所示;构造虚拟机资源,其属性集(VM$_{id}$,CPU,Memory,BandWidth)如表 2.2 所示。

**表 2.2　虚拟机属性**

| VM$_{id}$ | CPU | Memory | BangWidth |
| --- | --- | --- | --- |
| 0 | 4 | 2048 | 1200 |
| 1 | 4 | 2048 | 1600 |
| 2 | 2 | 1024 | 3000 |
| 3 | 2 | 1024 | 800 |

| $VM_{id}$ | CPU | Memory | BangWidth |
|-----------|-----|--------|-----------|
| 4 | 2 | 2048 | 2600 |
| 5 | 2 | 1024 | 2400 |
| 6 | 1 | 512 | 2500 |
| 7 | 1 | 1024 | 1200 |

其他相关参数设置为：模糊等价类阈值 λ 取 0.2，用户任务给出属性比较矩阵 $D_1$ 和 $D_2$ 来表示偏好：

$$D_1 = \begin{bmatrix} 1 & 7 & 7/2 \\ 1/7 & 1 & 2 \\ 2/7 & 1/2 & 1 \end{bmatrix}, \quad D_2 = \begin{bmatrix} 1 & 1 & 3 \\ 1 & 1 & 3 \\ 1/3 & 1/3 & 1 \end{bmatrix}$$

表 2.3　任务集属性

| Cloudlet | Length | File_Size | Output_Size | ExpectC | ExpectM | ExpectBW |
|----------|--------|-----------|-------------|---------|---------|----------|
| 0 | 800 | 300 | 300 | 1 | 512 | 1000 |
| 1 | 2000 | 500 | 500 | 2 | 1024 | 1200 |
| 2 | 2500 | 1200 | 600 | 2 | 1024 | 2400 |
| 3 | 2500 | 2000 | 400 | 2 | 1024 | 3000 |
| 4 | 5000 | 5000 | 2000 | 4 | 2048 | 1500 |
| 5 | 4000 | 2500 | 600 | 2 | 2048 | 1200 |
| 6 | 1000 | 800 | 400 | 1 | 512 | 2400 |
| 7 | 2400 | 1000 | 400 | 2 | 2048 | 2400 |

## 2.4.3.3　算法性能分析

为了评估本节提出的基于模糊商空间理论的资源调度算法性能，将传统的资源调度算法 Max-min[92]，Min-min[92] 和本节提出算法进行分析与比较。为方便表述，在下文中使用 Algorithm3 描述 Max-min 算法，使用 Algorithm2 描述 Min-min 算法，使用 Algorithm1 描述本节提出的算法。

**1. 实验 1：任务完成时间**

将云任务传输时间、执行时间、等待时间之和定义为任务完成时间，即 $T = T_{wait} + T_{exec} + T_{trans}$。实验 1 比较本节算法与 Min-min[92] 算法，Max-min[92] 算法在任务完成时间方面的性能对比，实验结果如图 2.8 所示。

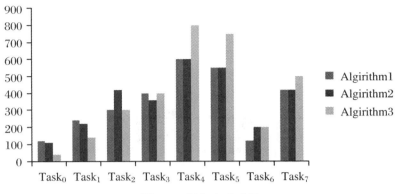

图 2.8　任务完成时间

由图可见,从单个任务完成来看,Algirithm1 对于任务集{$Task_0$,$Task_1$}的完成时间较长,而其他时间较短;从整体任务完成时间来看,Algirithm1 的整体完成时间与 Algirithm2 相同,优于 Algirithm3。值得一提的是,从任务平均完成时间来看,Algirithm1 的平均任务执行时间明显小于其他两个算法,可见 Algirithm1 有利于提高资源利用率。

**2. 实验 2：用户满意度**

Berger 定义了用户满意度[93-94]为分配模式下用户期望与实际分配所得比对的经济学模型,用来衡量用户 QoS 满意度,定义为满意度 $J$ 如式(2.9)所示:

$$J = \theta \cdot |\ln AR/ER| \tag{2.9}$$

式(2.9)中,$ER$ 为任务期待的资源量,$AR$ 为实际资源分配量,$\theta$ 为常量,且满足 $0 < \theta \leqslant 1$。因此有各服务质量满意度 $J_{bw} = \theta\ln AR_{bw}/ER_{bw}$,$J_c = \theta\ln AR_c/ER_c$,$J_M = \theta\ln AR_M/ER_M$。考虑各属性权值,将用户满意度函数定义为。

$$J = |W_C J_C| + |W_{BW} J_{BW}| + |W_M J_M| \tag{2.10}$$

求和后将满意度 $J$ 归一到区间[0,1],由式(2.10)可知,当实际资源分配量等于期望资源分配量时,$\ln AR/ER = 0$,$J = 0$;而当实际资源分配量大于期望资源分配量时,有 $J > 0$;同理,实际资源分配量小于期望资源分配量使用 $J < 0$ 表示。比较本节算法与 Min-min 算法、Max-min 算法在用户满意度方面的性能对比,实验结果如图 2.9 所示。

如图 2.9 所示,本节所述算法得到的用户满意度 $J$ 最接近于 0,表示用户任务实际所得的虚拟机资源最接近用户任务期望的虚拟机资源,因此该算法使得用户任务具有最高的用户满意度,体现了用户任务的 QoS 需求。

**3. 实验 3：服务方费用**

如前文所述,在同一模糊等价类内的虚拟机资源都可以满足用户需求,因此服务商可以根据资源占用情况和服务费用灵活地调配虚拟机资源,实验 3 以用户任务 $Task_1$(2000,800,500,1200)为例进行说明。对于 $Task_1$,$d(1,j) = (0.59, 0.63,$

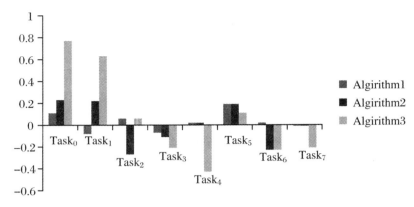

图 2.9 用户满意度

$0.22,0.08,0.52,0.41,0.13,0.09$），按照 $\lambda=0.2$ 构建相应的模糊等价类和模糊商空间 $VM(0.2)$，得到 $VM(\lambda)=VM(0.2)=\{\{3,7,6\},\{2\},\{5\},\{0,1,4,\}\}$。

可见，虚拟机 $VM3$、$VM6$、$VM7$ 属于同一等价类，都满足用户的 QoS 需求（服务性能高于、低于或等于云任务期望的虚拟机资源属性），用户满意度 $J$ 如图 2.10 所示。

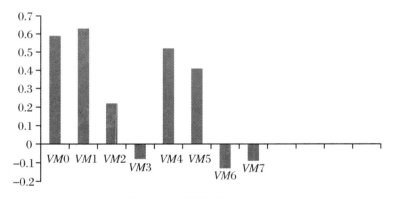

图 2.10　$Task_1$ 对于 $VM_J$ 的用户满意度

对于虚拟机 $VM3$、$VM6$、$VM7$，可以考虑从虚拟机执行成本对其进行选择，执行成本如图 2.11 所示。

显然，由于 $VM3$ 执行成本最低，选择该虚拟机绑定用户任务。如果已经对虚拟机 $VM3$ 匹配了任务，可以选择成本次低的虚拟机 $VM7$ 绑定用户任务，说明了本章所述算法不仅可以降低成本，还可以提高虚拟机的利用率。

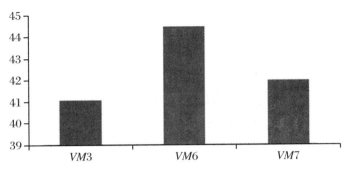

图 2.11　$Task_1$ 在 $VM(0.2)$ 的运行费用

# 本 章 小 结

本章首先讨论了传统静态商空间理论的基本概念和相关方法,介绍了模糊商空间理论;其次,通过对传统商空间理论中的合成技术进行扩展,利用模糊等价关系运算与距离空间合成、多侧面商空间合成之间的转化关系,构建了多层次、多侧面的商空间合成模型;最后将模糊理论与商空间理论结合,应用于云资源调度问题。

传统的商空间粒计算模型采用由粗到细、不断求精的多粒度分析方法,可以在不同粒度世界之间转换,实现多粒度空间中的问题求解,既可以求得问题的最优解,也可以快速求得满足要求的近似解,从而降低问题求解的计算复杂度。目前商空间粒计算模型在智能计算、机器发现、数据挖掘和图像处理等领域有着广泛的应用,对智能信息处理技术的发展具有重要的理论意义。

然而,现有的商空间粒计算模型也存在一定局限性。例如,文献[21]讨论了在复杂网络中搜寻最佳路径,其中假定了复杂网络的拓扑结构是静态的、不变的。实际生活中,由于交通维修或是交通堵塞,交通道路的结构是会随时间发生变化的。此外,本章中提出的基于模糊商空间理论的云资源调度算法也并未考虑时间因素对资源匹配的影响,而在实际的云资源调度系统中,云资源节点属性和节点间的拓扑结构是可能会随时间发生变化的。与此同时,云资源节点本身也存在转变为自私节点或恶意节点的情况。

# 第 3 章 基于 Beta 分布的动态商空间模型及其应用

## 3.1 引 言

商拓扑 $[T]$ 指的是商集上的结构,其中拓扑来源于拓扑学。商空间理论引入结构作为研究对象的拓扑信息,不仅可以表示对象的属性,也可以表示论域中各元素之间的结构关系,以及对不同粒度世界之间转移、变换、合成和分解等关系进行描述[95]。

近年来,对于商拓扑及其相关性质已经有了较多的研究和应用,其中文献[96-97]将商拓扑定义为论域中元素之间的拓扑关系,通过对加权网络的商拓扑按照权值的不同划分等价类,构建分层递阶的商空间链,并用于搜索最优路径;文献[98]对商空间粒计算模型中的合成、分解技术进行分析,以此求解有向图中的最大流问题,降低了问题求解的时间复杂度;文献[99]通过商空间理论的保真、保假定理大大降低了网络分析的计算复杂度,给出了分析网络的新方法;文献[100]针对网状问题,研究其保序性与或图的描述方法;文献[101-102]则考虑商结构的变化,研究了基于结构的商空间链。

如上文所述,学者们从不同侧面对问题求解的粒计算推理原理进行研究。然而,上述研究中所讨论的拓扑结构都是静态的。而在如交通流量控制、网络通信等实际应用领域,由于某些原因,如交通控制中出现道路维修或道路堵塞,其拓扑结构可能随时发生动态变化,因而将原有静态拓扑结构加入时间变量,将静态商空间模型扩展为动态商空间模型十分必要。

针对该问题,文献[52]将传统的静态商空间理论与时间因素相结合,考虑环境自身随时间发生变化,建立了动态的商空间模型。该方法将动态模型变为高维度静态模型,具体方法为在静态商空间上增加时间维度。将三元组 $(X, f, T)$ 转换为与时间有关的三元组 $(X(t), f(t), T(t)), t \in [t_0, t_1]$。其中 $X(t)$ 描述商空间的论域随时间变化的情况;$f(t)$ 表示属性函数随时间变化的情况,如交通控制系统中车辆速度的变化;$T(t)$ 表示结构随时间变化的情况,如道路维修造成的道路结构变化。

文献[53]在动态商空间模型的基础上,引入 $t$-截网络的概念,研究动态环境下网络最大流、最小割的定义及最小割定理成立的条件,并将动态网络转化为静态网络的组合进行分析。然而,使用该方法进行动态问题求解也存在一定的局限性:① 将该方法应用于实际的动态网络分析,如复杂交通网络的分析,有待进一步研究;② 由于问题求解各因素互相关联,当问题求解规模扩大、复杂性提高时,增加时间维度可能导致计算复杂的剧烈增加。

针对上述问题,本章引入、简化时间因子,利用社会学研究中的信任模型评估静态商拓扑,提出基于概率分析的动态商空间模型,在实现动态问题求解的同时,只需要增加少量的计算复杂度,本章所做的工作如下:① 根据 Bayes 理论,充分考虑时间因素和道路可靠性,对原有论域中各元素及其拓扑结构动态评估,构建动态商空间模型;② 将构建出的动态商空间模型应用于网络最优路径搜索;③ 通过仿真实验可见,相对于原有的静态模型,本章构建的动态商空间模型能够以较小的时间耗费,进行动态问题求解,同时能够有效地降低查找到失效路径的概率。

## 3.2　基于 Beta 分布的动态商空间模型

### 3.2.1　问题建模

动态问题求解是指问题求解的约束条件或其资源环境随时间发生动态变化的情况,因此动态问题又可称为交互式问题。针对拓扑结构,静态拓扑结构是指网络中节点之间的拓扑关系不随时间发生改变。本章考虑拓扑结构的动态性,设定网络中节点间的拓扑关系具有不确定性等特征,即拓扑结构随时间发生动态变化,如在交通流量控制中,道路拓扑结构随着时间发生动态变化的情况。

一般而言,考虑节点间的拓扑关系是否可靠,需要分析节点的可信程度。在社会学中,人际关系网络核心是人的可信程度和人与人之间的信任关系。简言之,信任是人们对单个个体日常行为的评价,而单个个体的可信程度又决定于其他个体对其的推荐[105-106]。在加入时间维后,网络中节点之间的拓扑关系与社会学中人际关系具有较大的相似性:① 拓扑结构的可信度由网络中节点之间直接交互情况和其他节点帮助下进行的间接交互情况共同决定;② 节点间历史交互的先验与概率依赖关系决定了网络拓扑结构;③ 节点通过与其他节点的合作记录历史交互信息。综上所述,节点间的拓扑关系是随时间和实际交互情况动态连续变化的。

因此,可以将节点间的历史交互结果定义为二项事件(交互成功/交互失败),节点可以依照其历史交互结果不断调整节点间的信任度,若节点间不存在直接的交互或者直接交互次数过少,则将其他节点提供推荐交互信息作为其交互参考[107-108]。简言之,节点可以根据其与目标节点历史交互信息或推荐节点给出的间接信息得到目标节点的信任评估,以指导决策。

按照上文中的分析,在信任评估模型中,节点间信任关系分为两类:一类为直接信任关系,如图 3.1(a)所示,当节点 $i$ 和节点 $j$ 之间存在可作为可信度评估依据的直接交互,则应评估其直接交互结果为成功的概率,可称为直接信任度评估,用 $\Phi_{dt}$ 表示直接信任度;另一类为推荐信任关系,如图 3.1(b)所示,当节点 $i$ 和节点 $j$ 之间不存在可作为可信度评估的直接交互,而节点 $i$ 可以获取其他节点(例如节点 $k$)关于节点 $j$ 的可作为可信度评估依据的交互,这种需要通过第三方来建立的信任关系,称为推荐信任度评估,用 $\Phi_{rt}$ 表示推荐信任度。

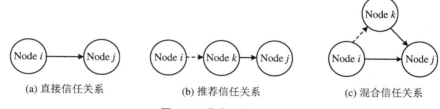

(a) 直接信任关系    (b) 推荐信任关系    (c) 混合信任关系

图 3.1    节点间信任关系

当同时存在直接信任关系和推荐信任关系时,如图 3.1(c)所示,为混合信任关系,需要将上述两种信任关系进行合并,得到总体的信任评估。如同在人际关系网络中,当个体之间进行信任评估时,往往既存在直接信任关系也存在推荐信任关系,不同的个体由于其个性、情绪等主观因素不同,具有不同的量化判断标准。本章选择线性函数作为两种信任关系的合并函数,如式(3.1)所示

$$\Phi = \lambda \cdot \Phi_{dt} + (1-\lambda) \cdot \Phi_{rt} \tag{3.1}$$

其中,$\lambda \in (0,1)$,表示个体对两种信任关系的调节因子,当 $0 < \lambda < 0.5$ 时,表示个体更信任推荐信任关系,而当 $\lambda > 0.5$ 时,表示个体相信直接交互经验超过其他个体的推荐经验。

## 3.2.2    直接信任度评估

使用直接信任度表示节点依照其与目标节点的历史交互信息,对与目标节点进行成功交互的概率评估,在这里根据二项事件后验概率分布服从 Beta 分布来求解信任值。设复杂网络中存在节点 $i$ 和节点 $j$,节点间的交互结果使用交互成功/交互失败进行描述;则当节点 $i$ 和节点 $j$ 发生第 $n$ 次直接交互后,设历史交互中成功的直接交互的次数为 $\alpha$,失败的直接交互的次数为 $\beta$;同时假设随机变量 $x$ 为一次交互过程中获得成功的概率,且 $x$ 服从 $(0,1)$ 的均匀分布 $U(0,1)$。定义 $i$ 对 $j$ 的直接信任度 $\Phi_{dt}$ 为

$$\Phi_{dt} = \int_0^1 x \frac{\Gamma(\alpha+\beta+2)}{\Gamma(\alpha+1)\Gamma(\beta+1)} x^{\alpha}(1-x)^{\beta} \mathrm{d}x = \frac{\alpha+1}{\alpha+\beta+2} \tag{3.2}$$

由式(3.2)可以看出,直接信任关系的评估与节点间成功交互次数以及总交互次数有关。虽然通过式(3.2)可以得到节点间的直接信任度,然而当节点间没有交互或者交互较少时,较少的样本数将不足以评估节点间直接信任关系。

针对该问题,使用区间估计理论对信任度的置信水平进行度量,设 $(\Phi_{dt}-\delta,\ \Phi_{dt}+\delta)$ 为直接信任度 $\Phi_{dt}$ 的置信度为 $\gamma$ 的置信区间,$\delta$ 为可接受误差,则 $\Phi_{dt}$ 的置信度 $\gamma$ 计算公式如下:

$$\gamma = P(T_{dt}-\delta < T_{dt} < T_{dt}+\delta) = \frac{\Gamma(\alpha)\Gamma(\beta)}{\Gamma(\alpha+\beta)}\int_{T_{dt}-\delta}^{T_{dt}+\delta} x^{\alpha-1}\,(1-x)^{\beta-1}\,\mathrm{d}x \quad (3.3)$$

分析可知,进行区间估计时,精度与置信度为一对矛盾值,因此本章使用如下方式:首先确定置信度阈值 $\gamma_0$,再通过增加总交互次数 $n$ 以提高精度,直至 $\gamma \geqslant \gamma_0$,按照此时的直接交互信息进行信任评估。此时的样本容量 $n_0$、可接受误差 $\delta$ 和置信度阈值 $\gamma_0$ 之间的关系由式(3.4)给出:

$$n_0 \geqslant -\frac{1}{2\,\delta^2}\ln\left(\frac{1-\gamma_0}{2}\right) \quad (3.4)$$

通过上述分析可知,根据节点间直接交互样本的置信度值,可以将直接信任关系评估作如下设定:① 当节点间不存在直接交互,或交互样本置信度值 $\gamma < \gamma_0$ 时,设定节点间的直接信任度 $\Phi_{dt}=1/2$;② 当交互样本置信度值 $\gamma \geqslant \gamma_0$ 时,节点间的直接信任度 $\Phi_{dt}$ 按照式(3.2)计算。

## 3.2.3　间接信任度评估

当在直接信任评估时,节点间不存在交互或交互次数不足,则应当引入推荐节点和目标节点产生联系。当推荐节点较多时,依照节点间的信任排序进行选择,直至满足样本容量 $n_0$。间接交互一般由两类或多类直接交互形成,由于间接交互是由两对或多对节点间的直接交互而产生,因此仍可使用直接交互的评估方法。

设存在节点 $i$、$j$ 和 $k$,其中节点 $i$ 与 $k$、节点 $j$ 与 $k$ 之间的交互次数分别为 $n_1$ 次和 $n_2$ 次,交互成功分别为 $\alpha_1$ 次和 $\alpha_2$ 次,交互失败分别为 $\beta_1$ 次和 $\beta_2$ 次,则定义 $i$ 对 $j$ 的间接信任度 $\Phi_{rt}$ 如式(3.5)所示:

$$\Phi_{rt} = E\big[\mathrm{Beta}(x \mid \alpha_1+\alpha_2+1, \beta_1+\beta_2+1)\big] = \frac{\alpha_1+\alpha_2+1}{n_1+n_2+2} \quad (3.5)$$

## 3.2.4　时间因素

为体现信任评估的动态性,本章考虑时间因素对信任评估的影响。借鉴人类对历史信息的认知方法可知,近期的历史交互信息对信任评估影响较大,而时间跨度较大则影响较小直至对评估失去意义而不对其进行考虑。因此,需要根据不同时间,对交互信息赋予不同权值。

这里使用时间分段的概念,将时间段设置为一天,并引入时间影响力衰减因子 $\mu$ 刻画不同时期历史交互信息的重要程度。对于 $n$ 个时间段,设时间段 $i$ 的成功交互和失败交互次数分别为 $\alpha_i$ 和 $\beta_i$,则第 $n$ 个时间段后总的交互成功次数和失败次数 $\alpha(n)$ 和 $\beta(n)$ 如式(3.6)所示:

$$\begin{cases} \alpha(n) = \sum_{i=1}^{n} \alpha_i \cdot \mu^{(n-i)} \\ \beta(n) = \sum_{i=1}^{n} \beta_i \cdot \mu^{(n-i)} \end{cases} \quad (3.6)$$

其中,$0 \leqslant \mu \leqslant 1$,当 $\mu = 0$ 时,表示只考虑最近一次的历史交互影响,而当 $\mu = 1$ 时表示不考虑时间影响力衰减因子。

### 3.2.5　基于信任度评估的动态商空间模型

基于信任评估的动态商空间模型是指商拓扑随时间动态变化的情况,是文献 [103] 中定义动态商空间模型中的一种。如前文中所述,拓扑结构随时间动态变化,具有不确定性,因而首先应当按照节点间的历史交互信息先对原有拓扑关系进行评估,构建动态拓扑结构后再使用相关商空间理论。

设图 3.2(a)为交通网络中存在的 3 个节点和节点间的路径,对节点间路径进行信任度评估后,得到其动态拓扑结构。

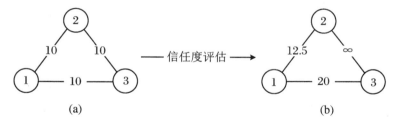

图 3.2　动态商空间模型

如图 3.2(a)所示,节点①和节点②、节点①和节点③、节点②和节点③之间路径权值 $w$ 都为 10。下面对三条路径进行信任评估,设得到三条路径的可信度分别为 0.8、0.2 和 0。由于在交通网络中,较短的路径具有较高的优先级,因此使用式 (3.7)生成动态拓扑结构的新权值 $w^*$。

$$w^* = (\lambda \cdot \Phi_{dt} + (1-\lambda) \cdot \Phi_{rt})^{-1} * w \quad (3.7)$$

如图 3.2(b)所示,节点②和节点③之间由于可信度为 0($\Phi = 0$),其路径新权值为 $\infty$,则可以认为节点②和节点③之间不存在路径,即节点②和节点③的路径为失效,拓扑结构发生了变化;节点①和节点②、节点①和节点③之间路径的可信度分别为 0.8 和 0.2,其路径新权值分别为 12.5 和 20,可以看出可信度较高的路径得到了较高的优先级。

## 3.3　基于动态商空间模型的最优路径搜索算法

最优路径问题是图论研究中的一个经典算法问题,旨在寻找图(节点和路径组成)中两节点之间的最优路径,属于最优化问题,最优路径问题的经典解决算法有:已知起始点的最优路径问题[109],已知终结点的最优路径问题[110],确定起始点和终结点的最优路径问题[112],图中所有节点间的最优路径[111-113]。

近年来,最优路径问题在很多领域有着广泛的应用,学者们从不同角度讨论了大规模网络的路径搜索问题,提出的算法主要包括:启发式智能算法进行最优路径搜索[114],将原有网络划分为聚类子网或分割成小块后进行最优路径搜索[115-116],对原有网络进行划分,构建新的层次图模型再进行最优路径搜索[117]。

然而,与静态网络优化问题相比,大规模动态网络最优路径问题的研究更具有现实意义,是道路交通系统、计算机网络通信等领域迫切需要解决的问题。因而,现有的最优路径算法存在一定的局限性,这表现在:

(1)目前最优路径问题在多个领域有着较多的应用,例如道路交通运输在生活中愈来愈重要。然而,由于存在车辆故障、天气恶劣、自然灾害、交通事故等事件,引入道路交通网络的通行能力下降,引发交通拥堵。道路交通运输网络往往会被此类随机事件影响失去连通能力,导致交通网络的性能或其服务水平下降。实质上,在拥有不可数路径数的道路交通网络中,路径的不可靠性不可避免。然而,现有的大多数最优路径算法都是静态或不考虑路径失效情况下的。

(2)考虑道路交通网络中可能存在的交通拥堵和路径失效,使用 Bayes 网络对道路交通网络中的较易出现失效的路径进行识别[118-119],建立拥堵情况下道路交通运输网络的动态识别模型。然而,该类方法只能应用于规模较小的动态网络,对于大规模复杂网络,当问题的复杂性提高,该方法将会使计算复杂度急剧增加,直至无法求解。

针对上述问题,文献[96-97]使用商空间理论按照权值的不同对原有加权网络进行分析,提出了基于边权等价类的分层递阶网络模型(hierarchical quotient space model,HQSM),HQSM 算法用每个节点的分层坐标来表示节点在不同商空间上的投影,再依照分层递阶的商空间中各节点的分层递阶坐标查找最优路径。HQSM 算法通过商空间理论构建等价类查找最优路径,有效地降低了时间复杂度。然而,HQSM 算法降低路径发生拥堵(路径失效)概率的具体方法是在保证路径权值最优的基础上,所经过的节点较少。然而,HQSM 算法的问题在于,该方法并未考虑网络中路径自身的不确定性,而是尽量降低路径数,通过减少路径来减少路径失效率,其效用是有限的。

例如在交通网络中,HQSM 算法使车辆经过的路径数较少,某种程度上说可以改善路径拥塞,使路径失效率降低。然而该方法无法使车辆避免通过拥塞可能性较大的路径,按照此类方法选择的路径构成最优路径序列往往会成为失效路径。

在本节中,首先利用上节所提出的动态商空间模型先对节点的可信度进行评估,再进行最优路径搜索,能够以较小的时间花费为代价,有效地提高路径可靠性。

### 3.3.1 问题建模

将道路交通网络表示为一个加权网络图$(X,E)$,其中 $X$ 是节点集合,$E$ 是边集合,边权可以表示为路径长度,用 $w$ 表示。设所有的边权集合 $W$ 为$\{w_1>w_2>\cdots>w_k\}$将其按权值大小归类为 $k$ 类。为建立分层递阶的商空间链,定义边权的等价关系如下:

**定义 3.1** 定义等价关系 $R(w_i)$:

$x\sim y\Leftrightarrow\exists x=x_1,x_2,\cdots,x_m=y,f(x_j,x_{j+1})\geqslant w_i,j=1,2,\cdots,m-1;i=1,2,\cdots,k$。

**定义 3.2** 定义商空间 $X_i$:

$X_i=\{x_1^i,\cdots,x_m^i\},i=1,2,\cdots,k$ 由等价关系 $R(w_i)$ 得到的商空间。设 $X=X_0$,且 $x_i^0$ 是商空间 $X$ 内的元素。很显然,$(X_0,X_1,\cdots,X_k)$ 构成了一个分层递阶商空间链。

设节点 $z\in X$,用 $k+1$ 维整数向量:$z=\{z_0,z_1,\cdots,z_k\}$,表示为 $z$ 的分层坐标。设 $p_i:X\rightarrow X_i$ 是其自然投影,令 $p_i(z)=x_t^i$,则 $z$ 的分层坐标的第 $i$ 个坐标为 $t$,即节点 $z$ 在 $X_i$ 属于第 $t$ 个元素。

**定义 3.3** 对于商空间 $X_0$,定义其边 $E_0$ 为 $e(x_j^0,x_t^0)\in E_0\Leftrightarrow f(x_j^0,x_t^0)\geqslant w_1$,且 $e(x_j^0,x_t^0)=(x_j^0,x_t^0)$。

对于商空间 $X_1$,定义其边 $E_1$ 为 $e(x_j^1,x_t^1)\in E_1\Leftrightarrow\exists x_j^0,x_t^0\in X,x_j^0\in x_j^1,x_t^0\in x_t^1,f(x_j^0,x_t^0)\geqslant w_2$,且边 $e(x_j^1,x_t^1)$ 可以表示为 $e(x_j^1,x_t^1)=\{((x_j^0,p_1(x_j^0)),(x_t^0,p_1(x_t^0)))\mid\forall x_j^0,x_t^0\in X,x_j^0\in x_j^1,x_t^0\in x_t^1,f(x_j^0,x_t^0)\geqslant w_2\}$,同时,边集合 $e(x_j^1,x_t^1)$ 可表示为 $e_{jt}^1$。

对于商空间 $X_i$,定义其边 $E_i$ 为 $e(x_j^i,x_t^i)\in E_i\Leftrightarrow\exists x_j^0,x_t^0\in X,x_j^0\in x_j^i,x_t^0\in x_t^i,f(x_j^0,x_t^0)\geqslant w_{i+1}$,且边 $e(x_j^i,x_t^i)$ 可以表示为 $e(x_j^i,x_t^i)=\{((x_j^0,p_1(x_j^0),\cdots,p_i(x_j^0)=x_j^i),(x_t^0,p_1(x_t^0),\cdots,p_i(x_t^0)=x_t^i))\mid\forall x_j^0\in x_j^i,x_t^0\in x_t^i,f(x_j^0,x_t^0)\geqslant w_{i+1}\}$,同时,边集合 $e(x_j^i,x_t^i)$ 也可以表示为 $e_{jt}^i$。

**定义 3.4** 对于商空间 $X_i$,定义其商拓扑为:

对于商空间$(X_i,E_i)$中的节点 $x_m^i$,构建矩阵 $P_m^i$。设节点是由商空间$(X_{i-1},E_{i-1})$内的 $s$ 个元素组成,构建 $s\times s$ 维矩阵 $P_m^i(m=1,2,\cdots,n_i)$ 如下:

$$P_m^i(t,j) = \begin{cases} e(x_t^{i-1}, x_j^{i-1}), & (x_t^{i-1}, x_j^{i-1}) \in E_{i-1} \\ 0, & \text{其他} \end{cases} \quad (3.8)$$

因而,商空间 $X_i$ 的拓扑结构可由 $\{P_j^i, j=1,2,\cdots,m\}$ 表示,可将建立分层递阶商空间链的过程归纳如下:

(1) 将原始网络图设定为 $(X_0, E_0)$,根据边权等价关系 $R(w_1)$,对 $(X_0, E_0)$ 进行划分,构建商空间 $(X_1, E_1)$,$X_1 = \{x_1^1, x_2^1, \cdots, x_{n1}^1\}$,和商拓扑矩阵 $P_1^1, P_2^1, \cdots, P_{n1}^1$。

(2) 根据边权等价关系 $R(w_2)$,对 $(X_1, E_1)$ 进行划分,构建商空间 $(X_2, E_2)$,$X_2 = \{x_1^2, x_2^2, \cdots, x_{n1}^2\}$,和商拓扑矩阵 $P_1^2, P_2^2, \cdots, P_{n2}^2$。

(3) 根据边权等价关系 $R(w_i)$,对 $(X_{i-1}, E_{i-1})$ 进行划分,构建商空间 $(X_i, E_i)$,$X_i = \{x_1^i, x_2^i, \cdots, x_{n1}^i\}$,和商拓扑矩阵 $P_1^i, P_2^i, \cdots, P_{ni}^i$,直到构建完成商空间 $(X_k, E_k)$ 为止。

如图 3.3(a)所示为加权网络图,根据式(3.1)和式(3.7)对其进行信任评估后,设节点①和节点④、节点④和节点⑤之间路径的合并信任度为 $0(\Phi=0)$,其他路径的合并信任度为 $1(\Phi=1)$,信任评估后的加权网络图如图 3.3(b)所示。图 3.3(b)即为最粗商空间 $(X_0, E_0)$,存在 10 个节点 $\{1,2,3,4,5,6,7,8,9,10\}$,其边权集为 $w=\{w_1, w_2, w_3, w_4\}=\{10,5,3,1\}$。

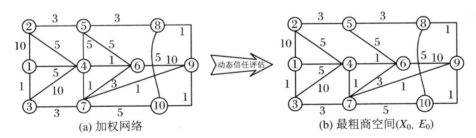

(a) 加权网络　　　　　　　　(b) 最粗商空间($X_0$, $E_0$)

**图 3.3　动态信任评估**

从最粗商空间 $(X_0, E_0)$ 构建分层递阶商空间链 $(X_0, E_0), \cdots, (X_3, E_3)$,其具体过程如下:

商空间 $X_0$ 包含 10 个节点:

$$X_0 = \{x_1^0 = (1), x_2^0 = (2), x_3^0 = (3), x_4^0 = (4), x_5^0 = (5),$$
$$x_6^0 = (6), x_7^0 = (7), x_8^0 = (8), x_9^0 = (9), x_{10}^0 = (10)\}$$

使用等价关系 $R(10)$ 得到商空间 $X_1$ 如图 3.4(a)所示,包含 7 个节点:

$$X_1 = \{x_1^1 = (1,2), x_2^1 = (3,4), x_3^1 = (5), x_4^1 = (6,9),$$
$$x_5^1 = (7), x_6^1 = (8), x_7^1 = (10)\}$$

描述其拓扑结构的矩阵为

$$P_1^1=\begin{bmatrix}1 & (1,2)\\ (2,1) & 1\end{bmatrix},\quad P_2^1=\begin{bmatrix}1 & (3,4)\\ (4,3) & 1\end{bmatrix},$$

$$P_4^1=\begin{bmatrix}1 & (6,9)\\ (9,6) & 1\end{bmatrix},\quad P_3^1=P_5^1=P_6^1=P_7^1=(1)$$

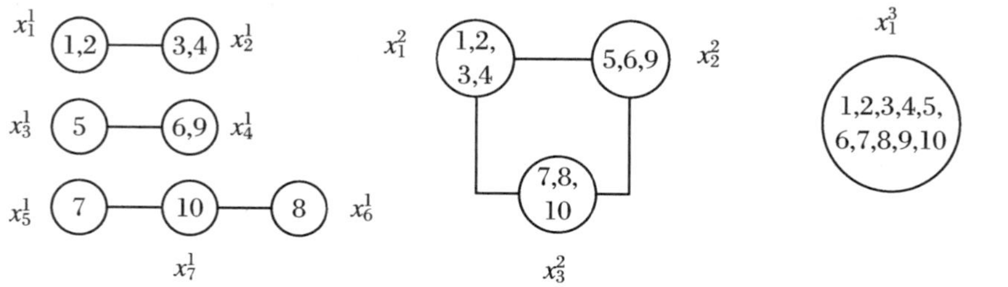


(a) 商空间($X_1$，$E_1$)　(b) 商空间($X_2$，$E_2$)　(c) 商空间($X_3$，$E_3$)

**图 3.4　分层递阶商空间链**

使用等价关系 $R(5)$得到商空间 $X_2$如图 3.4(b)所示，包含 3 个节点：

$$X_2=\{x_1^2=(1,2,3,4),x_2^2=(5,6,9),x_3^2=(7,8,10)\}$$

描述其拓扑结构的矩阵为

$$P_1^2=\begin{bmatrix}1 & ((2,1)(4,2))\\ ((4,2)(2,1)) & 1\end{bmatrix}$$

$$P_2^2=\begin{bmatrix}1 & ((5,3)(6,4))\\ ((6,4)(5,3)) & 1\end{bmatrix}$$

$$P_3^2=\begin{bmatrix}1 & 0 & ((7,5)(10,7))\\ 0 & 1 & ((8,6)(10,7))\\ ((10,7)(7,5)) & ((10,7)(8,6)) & 1\end{bmatrix}$$

使用等价关系 $R(3)$得到商空间 $X_3$如图 3.4(c)所示，含有 1 个节点：

$$X_3=\{x_1^3=(1,2,3,4,5,6,7,8,9,10)\}$$

描述其拓扑结构的矩阵为

$$P_1^3=\begin{bmatrix}1 & ((2,2,1)(5,3,2)) & ((3,2,1)(7,5,3))\\ ((5,3,2)(2,2,1)) & 1 & ((5,3,2)(8,6,3))\text{或}((6,4,2)(7,5,3))\\ ((7,5,3)(3,2,1)) & ((8,6,3)(5,3,2))\text{或}((7,5,3)(6,4,2)) & 1\end{bmatrix}$$

## 3.3.2　算法描述

按照前文中给出的动态商空间模型，在本节中，将该模型应用于基于静态商空间理论的最优路径搜索算法(HQSM)。通过对该算法的扩展，从动态角度使得路径选择更加合理。

针对加权网络,HQSM 算法按照边权构建等价关系和等价类,将加权网络构造为基于不同边权的分层递阶商空间链,在此基础上进行最优路径的查找。HQSM 算法并不总能发现最短路径,但由于该算法计算复杂度较低,较适合大中型复杂网络的求解。然而,HQSM 算法按照边权划分不同粒度,构建了分层递阶的商空间链,但并未考虑网络中节点间路径的不确定性和节点的可信度。如在智能交通控制中,由于道路堵塞,其选择的路径可能成为失效路径。

针对该问题,本节提出了基于动态商空间模型(dynamic hierarchical quotient space model,DHQSM)的最优路径搜索算法。算法首先通过上节中提出的信任评估模型对边权进行动态评估,对原有加权网络各边的权值进行修改,构建商空间 $X_0$,$X_0$ 中节点 $x_j^0$ 和节点 $x_t^0$ 之间路径 $e(x_j^0, x_t^0)$ 的权值与原有加权网络中节点 $j$ 和节点 $t$ 之间路径 $e(j,t)$ 的权值关系按照式(3.9)给出:

$$w_{(x_j^0, x_t^0)}^{\text{DHQSM}} = T(j,t)^{-\xi} \cdot w_{(j,t)}^{\text{HQSM}} \tag{3.9}$$

式中,$\xi \geqslant 1$,为服务质量因子。对于边 $e(x_j^0, x_t^0)$,当 $\xi$ 增加,表示路径对信任程度的要求增大;$T(x_j^0, x_t^0)$ 是对 $e(x_j^0, x_t^0)$ 边权的信任评估,即上文式(3.1)中提到的合并信任度 $\Phi$。

进行动态评估之后,再对具有新边权的网络按照前文中所述方式建立分层递阶商空间链,查找最优路径。其具体流程如下:

(1) 按照边权等价关系 $R(w_i)$,构建分层递阶商空间链 $(X_0, E_0)$,…,$(X_k, E_k)$。

(2) 利用分层递阶商空间链求得各节点的分层编号,设起始点的分层递阶编号分别为 $x = (x_1, x_2, \cdots, x_k)$,$y = (y_1, y_2, \cdots, y_k)$,设 $x_i = y_i$,$x_j \neq y_j$,$j < i$,若 $x_k = y_k$,则两点在商空间 $(X_{k-1}, E_{k-1})$ 上是连通的,即两点在商空间 $X_k$ 中是等价的。

(3) 取 $P_{x_k}^k$,求得由 $x_{k-1}$ 到 $y_{k-1}$ 的路径节点序列 $e(x_{k-1}, y_{k-1})$;接着将节点序列 $e(x_{k-1}, y_{k-1})$ 按由 $x_{k-1}$ 到 $y_{k-1}$ 顺序插入 $x$ 和 $y$ 之间,设共有 $a_k$ 个节点,则得到 $a_k + 2$ 个节点组成的序列。在这个节点序列中,第 $2i$ 点到第 $2i+1$ 点之间有 $w_k$ 边相连,而第 $2i-1$ 点到第 $2i$ 点的路径还没有求出,$i = 1, 2, \cdots, a_{k+1}$。

(4) $k \leftarrow k-1$,求节点序列第 $2i-1$ 点到第 $2i$ 点的连通路径,直到 $k=0$,即第 $2i-1$ 点到第 $2i$ 点的第一坐标相同为止。

下面给出基于动态商空间模型的最优路径搜索算法 DHQSM 的伪代码。

**算法 3.1**　基于动态商空间模型的最优路径搜索算法。

输入:加权网络图 $(X, E)$,给定网络中节点 $x, y$。

输出:节点 $x$ 与节点 $y$ 之间的最优路径。

```
DHQSM()
    { For each node
        {
```

$\Phi_{dt} = \text{Count } \Phi_{dt}(X, E);$　　　　//计算直接信任度

$\Phi_{rt} = \text{Count } \Phi_{rt}(X, E);$　　　　//计算间接信任度

$\Phi = \text{Count } \Phi(\Phi_{dt}, \Phi_{rt});$　　　　//计算网络中节点的合并信任度

　　}

$w* = (\lambda \cdot \Phi_{dt} + (1-\lambda) \cdot \Phi_{rt})^{-1} \cdot w$　　//计算动态拓扑结构的新权值 $w^*$

}

构建分层递阶商空间链$(X_0, X_1, \cdots, X_k)$,求得网络节点 $x, y$ 的分层递阶坐标 $x = (x_1, x_2, \cdots, x_k), y = (y_1, y_2, \cdots, y_k);$

比较$(x_1, x_2, \cdots, x_k), (y_1, y_2, \cdots, y_k)$,查找最小的 $i$,使得 $x_i = y_i, x_j \neq y_j;$

Optimal_path$(x, y, i);$　　//在商空间 $X_i$ 中搜索节点 $x, y$ 的路径;

Optimal_path$(x, y, i)$

{

if$(i=1)$

在商空间 $X_1$ 内提取节点 $x$ 和 $y$ 的最短路径 e$(x, y);$

else{

在商空间 $X_i$ 内提取节点 $x$ 和 $y$ 的最短路径 e$(x, y)$,将其路径中的节点在 $X_{i-1}$ 中的位置从节点坐标中提取出并存储于数组 $path[];$

For $t = 1$:$path.length - 1$

Optimal_path$(path[t], path[t+1], i-1);$

End for

}

}

算法首先对原有网络的边权进行动态评估,在具有新边权的动态网络基础上构建分层递阶商空间链$(X_0, E_0), \cdots, (X_k, E_k)$,对于初始网络中的节点 $x$ 和 $y$,求得其分层递阶坐标 $x = (x_1, x_2, \cdots, x_k), y = (y_1, y_2, \cdots, y_k)$。

初始网络中的节点 $x$ 和 $y$,若其分层递阶坐标中存在 $x_{i+1} = y_{i+1}$,则表示节点 $x$ 和 $y$ 在商空间$(X_{i+1}, E_{i+1})$中属于同一节点中,同时 $x_i$ 和 $y_i$ 在商空间$(X_i, E_i)$中存在边上权值为 $w_{i+1}$ 的通路。与此相对,若初始网络节点 $x$ 和 $y$ 的节点坐标中对应位置完全不同,则表示节点在商空间$(X_k, E_k)$中没有通路。因此,通过该方法可以在分层递阶商空间链$(X_0, E_0), \cdots, (X_k, E_k)$中递归查找通路,直到查找到$(X_0, E_0)$上的连通路径为止。

DHQSM 算法将初始网络分解为 $k$ 层的分层递阶商空间链$(X_0, E_0), \cdots, (X_k, E_k)$,在算法的求解过程中,设商空间 $X_i$ 中最大等价类规模为 $s_i$,在商空间 $X_i$ 中查找最优路径的时间复杂度为 $g(s_i)$,则从 $t_{k-i}$ 个等价类中查找最优路径的时间复杂度为 $t_{k-i}g(s_i)$,因而在商空间链中查找最优路径的时间复杂度为 $\sum_{i=1} t_i g(s_{k-i})$。

若假设分层递阶商空间链中各商空间含有的元素个数都为 $s$,最优路径长度为 $L, g(n) = n^a, a \geqslant 1$,则有 $\sum_{i=1} t_i O(s_{k-i}^a) \sim L \sum_{i=1} O(s_i^a) \sim LO(s^a) \sim LO(n^{a/k})$。

# 3.4　仿真实验及结果分析

## 3.4.1　实验环境

为验证本章提出的动态商空间模型的有效性与可靠性,在 MATLAB7.0 环境下设计了仿真实验,运行在 Intel 奔腾双核 E5800、3.2GHz、4GB DDR3 的联想台式机上。实验数据来自不同类型、不同规模的复杂网络。

由网络理论可知,复杂网络是指网络结构中存在数量巨大的节点和节点间的拓扑关系。最典型的也是最常被研究的两类复杂网络模型是小世界网络和无尺度网络。本实验选择加权复杂网络类型为一般随机网络模型(random network,RN),无尺度网络模型(scale-free network,SFN)和小世界网络模型(small-world network,SWN),其规模分别为 100 至 500。

将相关参数设置介绍如下:网络中节点间的初始信任度设置为 0.5,式(3.4)中置信度阈值 $\gamma_0$ 设置为 95%,可接受误差 $\delta$ 设置为 0.1,式(3.9)中服务质量因子 $\xi$ 设为 1;参照文献[118]数据生成节点间历史交互信息(成功/失败);同时定义有效路径为节点间不存在失败交互,定义平均路径长度为加权图中任两节点间所求最优路径长度的平均值。

在以下实验中,首先考察式(3.1)中调节因子 $\lambda$ 和时间因子 $\mu$ 的取值对路径可信度的影响;然后对于本章提出的 DHQSM 算法,比较其与 HQSM 算法、基于 Bayes 网络的动态识别模型(BNM 算法)[118]在路径可靠性、平均路径长度和 CPU 运行时间等参数上的性能对比。

## 3.4.2　仿真实验和结果分析

### 1. 调节因子 $\lambda$

按照式(3.1)可对直接、间接信任度进行合并得到其合并信任度 $\Phi$,为考察直接信任度、间接信任度调节因子对路径正确率的影响,选择不同数值的调节因子进行实验,实验中 $\lambda$ 取值分别为 0,0.5,1,实验采用复杂网络为随机网络模型,网络中边权的取值范围是[1,10],节点数和路径数都为 300。

实验结果如图 3.5 所示,当推荐节点增加时,进行信任评估的可用样本数也相应增加。因此,当调节因子 $\lambda=0.5$ 和 0 时,路径正确率稳步提高;而当调节因子 $\lambda=1$ 时,由于没有考虑间接信任度,信任评估的样本总保持不变,因此路径正确率保持不变,但数值较低,充分反映了推荐信任对于路径正确率的影响。

与此同时,将 $\lambda=0$ 和 0.5 时的路径正确率进行比较可知,路径正确率在 $\lambda=0$ 时增长较快,充分体现了推荐信息对可信度的影响。然而,从稳定性角度来看,比

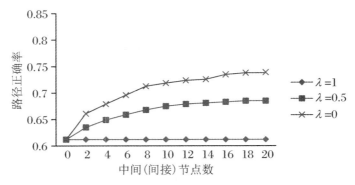

**图 3.5    调节因子 $\lambda$ 对路径正确率的影响**

较 $\lambda=0.5$ 的情况,$\lambda=0$ 时路径正确率存在较明显的波动,该现象表明不考虑直接信任度而只考虑间接信任度时,容易受恶意推荐的影响,从而降低了路径正确率。因此,相对推荐信任关系,直接信任关系不易受恶意推荐的影响,可以提供必要的稳定性。

**2. 时间因子 $\mu$**

为考察式(3.6)中时间因子 $\mu$ 对节点间拓扑关系的可信度的影响,选择不同数值的时间因子 $\mu$ 进行实验。其中,$\mu$ 取值分别为 0,0.5,1。实验中,网络环境为随机网络模型,路径边权取值范围是[1,10],网络节点数和节点间路径数都为 300,调节因子 $\lambda$ 取值为 0.3。

由图 3.6 可见,当时间因子 $\mu$ 的取值为 0 时,忽略跨度较长的历史交互信息而只考虑最近的时间段。虽然只需要较少的推荐节点,路径正确率就可以达到稳定状态,然而此时的路径正确率数值较低;若取时间因子 $\mu$ 的数值为 1,则不考虑时间因子 $\mu$ 对网络拓扑结构的影响,此时推荐节点的增加可以较明显地提高路径正确率。然而由于时间跨度较长的历史交互信息实际对当前路径可信度的评估的影响较小,因此当 $\mu=1$ 时虽然路径正确率数值较高,但此时较为不易达到稳定状态且需要的推荐节点较多。

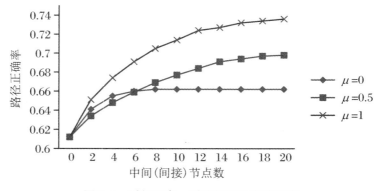

**图 3.6    时间因素 $\mu$ 对路径正确率的影响**

### 3. 不同类型的复杂网络

本实验比较本章提出的 DHQSM 算法与 HQSM 算法、BNM 算法在 CPU 运行时间、路径正确率和平均路径长度三项指标上的性能。实验中，调节因子 λ 取值为 0.3，时间因子 μ 取值为 0.8。实验选择复杂网络类型分别为随机网络模型、无尺度网络模型和小世界网络模型，其中网络中的节点数取值为 300，边权取值在 1 到 10 之间。

如图 3.7、图 3.8 和图 3.9 所示，与 HQSM 算法相比，基于动态商空间模型的路径搜索算法以较小的时间耗费和路径长度为代价，有效地提高选择路径的正确率。当选择了不同复杂网络类型时，小世界网络模型相对于无尺度网络模型和一般随机网络模型，其算法性能的改善较小。

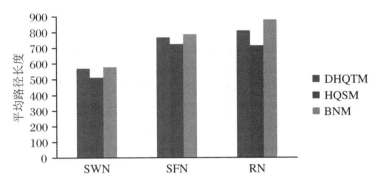

**图 3.7　不同类型复杂网络下 BNM、HQSM 和 DHQSM 的平均路径长度比较**

通过对比分析可见，相对 BNM 算法，在相同的网络环境中，BNM 算法的路径正确率略高于本章提出的 DHQSM 算法。由图 3.9 可以看出，当网络中节点数较少时，三种算法的执行时间相差很小；然而，随着网络中节点数量的逐步增加，BNM 算法构建的 Bayes 网络结构和其衍生出的条件概率表也逐步变得庞大，引起算法运行速度较慢，从侧面说明了该算法并不适用于大规模的复杂网络。

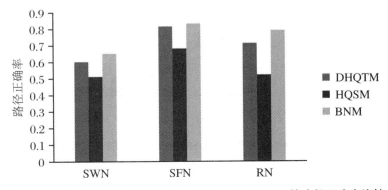

**图 3.8　不同类型复杂网络下 BNM、HQSM 和 DHQSM 的路径正确率比较**

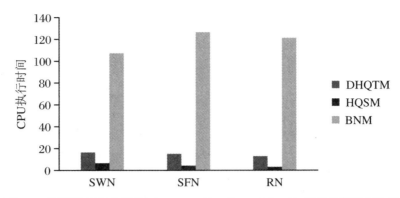

**图 3.9　不同类型复杂网络下 BNM、HQSM 和 DHQSM 的 CPU 执行时间比较**

**4. 不同规模的复杂网络**

本实验比较本章提出的 DHQSM 算法与 HQSM 算法、BNM 算法在 CPU 运行时间、路径正确率和平均路径长度三项指标上的性能。实验中，调节因子 $\lambda$ 取值为 0.3，时间因子 $\mu$ 取值为 0.8。实验选择复杂网络类型分别为随机网络模型，其中网络中的节点数取值为 100 到 500，节点间的路径数设为 300，边权取值在 1 到 10 之间。

实验结果如图 3.10、图 3.11 和图 3.12 所示，可以得到在不同类型复杂网络中较为一致的结论，即当网络中逐步增加节点数时，DHQSM 算法能够较为有效地提高路径正靠性，且算法在选择的最优路径可靠性方面增加的性能，远高于其时间、路径长度代价。与此同时，从执行时间角度看，当节点逐步增加时，DHQSM 算法执行时间虽略高于 HQSM 算法，但远小于 BNM 算法，验证了提出的 DHQSM 算法和动态商空间模型在进行大规模动态问题求解时的实用性。

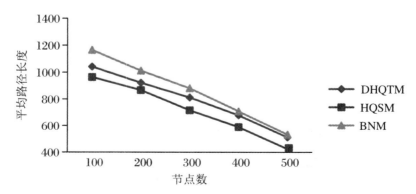

**图 3.10　不同规模复杂网络下 BNM、HQSM 和 DHQSM 的平均路径长度比较**

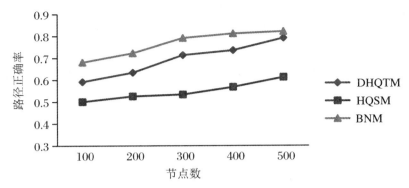

**图 3.11　不同规模复杂网络下 BNM、HQSM 和 DHQSM 的路径正确率比较**

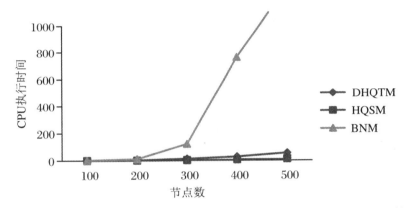

**图 3.12　不同规模复杂网络下 BNM、HQSM 和 DHQSM 的 CPU 执行时间比较**

# 本 章 小 结

　　本章引入 Bayes 理论和社会学理论中的信任评估模型,对传统的静态商空间理论进行扩展,构建增加时间因子的动态商空间模型,使得商空间理论具备了进行动态问题求解的能力。之后,将动态商空间模型应用于网络最优路径搜索,提出了基于动态模型的网络最优路径搜索算法。

　　仿真实验结果证实,将提出的动态模型应用于网络最优路径搜索可以有效地减少路径失败的概率,一定程度上实现了动态问题求解,同时也从另一侧面验证了提出的动态商空间模型的有效性。

　　作为典型的动态问题,云计算环境下的资源调度问题是目前信息领域研究的新热点。由于云计算环境中采用了虚拟化等技术将大量动态资源通过 Internet 实现互联、互通,再以服务的方式提供给用户任务,因此云资源调度问题是将多种计算资源(包括网络、服务器、存储、应用和服务等)在云端进行整合,对资源进行统一管理和调度,使得这些资源可以根据负载的变化动态配置,以达到最优化的资源利用率,属于典型的具有复杂拓扑结构的动态问题求解。在下一章中,将对动态商空间模型进行扩展,并应用于云资源调度问题。

# 第 4 章 基于主观 Bayesian 方法的动态商空间模型及其应用

## 4.1 引　　言

云计算是继并行计算、分布式计算、网格计算后的新型计算模式[119]。云计算平台利用虚拟化技术将多种计算资源(包括网络、服务器、存储、应用和服务等)在云端进行整合,对资源进行统一管理和调度,使得这些资源可以根据负载的变化动态配置,以达到最优化的资源配置和资源利用。因而,在进行具体资源调度时,使用何种资源供给方法对大规模虚拟化资源管理和组织,达到高效灵活资源供给和实现按需分配,对云计算有着十分重大的意义。

近些年在云计算资源管理方面已有了较多的研究,针对不同的计算任务和优化目标,云资源调度算法可以分为以下几类:① 以提高资源利用率和降低任务完成时间为目标[120-121];② 以降低云计算中心能耗为目标[122-124];③ 以提高用户QoS(quality of service)为目标[85-125];④ 基于经济学的云资源管理模型研究[126-127];⑤ 多目标优化的混合算法[128-129]。

然而,由于云环境中包含着大量分散、异构资源,云环境下的虚拟机资源往往分布位置较为广泛,有时可能不属于同一自治系统,所以这些云环境下的资源节点往往具有动态性、异构性、开放性、自愿性、不确定性、欺骗性等特征。云服务的可靠性是指用户提交的服务被成功完成的概率,是从用户的角度反映云完成用户提交服务的执行能力。在拥有无数资源节点的云环境中,节点的不可靠性不可避免,因此如何获取可信的云资源,并将应用任务分配到值得信任的资源节点上执行成为云资源调度算法研究中急需解决的关键问题之一。

目前,在国内外分布式系统资源管理的相关研究中,有关如何获取可信资源的研究已经取得了不少成果。Dogan 等人首先提出了 RDLS(reliable dynamic level scheduling)算法,研究如何在异构分布式系统中获取可信资源[130-131]。在此基础上,随后的研究包括 Dai[132] 等人提出了网格服务可靠性概念,采用最小档案扩展树对网格服务可靠性进行了求解;Levitin[133] 针对星型网格,提出了考虑服务可靠性和服务性能的信任评估算法;Foster[134] 等人将云服务和网格服务进行比较,给出了云服务可靠性的评估方法。上述文献采用不同的信任模型,从不同角度研究网格服务、云服务的可靠性,并给出了相应的调度算法,有效地提高了任务执行的成功率。

然而,自从 Blaze[135] 首先提出了信任管理概念后,Josang[136-137] 等人引入证据空间(evidence space)的概念,以描述二项事件后验概率的 Beta 分布函数为基础,可以把资源节点间的信任关系划分为直接信任关系和推荐信任关系。调度系统按照资源节点间交互的双方面经验估算出完成云任务的概率,并使用这一概率作为资源节点可信度度量的依据。一般而言,基于证据理论的信任模型通过量化资源节点的行为和计算资源节点可信度来计算资源节点之间的相互信任关系。而在上述研究中,建立的信任评估模型并未考虑资源节点本身的行为特性。文献[138-139]在此基础上,综合考虑时间、权重等相关因素,利用 Bayesian 方法构造了一个基于节点行为的可信度评估模型,并将其引入网格服务、云服务的可靠性研究中,分别提出了 Trust-DLS 和 Cloud-DLS 算法。

该方法还存在以下问题:① 并未考虑节点间交互的动态性和时间因素对交互结果的影响;② 并未考虑节点中存在自私节点和恶意节点;③ 对于节点间失效的交互,未考虑使用失效恢复机制。针对上述问题,本章对第 3 章中提出的动态商空间模型进行扩展,并应用于云资源调度问题。

## 4.2    基于主观 Bayesian 方法的动态商空间模型

在现有的云资源调度算法中,通常假设资源分配具有公平性,即在有限的资源条件下,节点之间不会因为争夺资源而相互影响,造成损害,任意两对节点之间的交互都是独立的,交互信息都是真实可靠的。然而,在真实的云环境中,为获取更多的云资源,各个资源节点也可能通过自身需求的欺骗、长期独占等方式非法占有云资源,这些资源节点可称成为自私节点,自私节点往往对资源调度的公平性造成破坏;除此之外,在某些非可靠的网络环境中,资源节点也可能遭受外界攻击而成为恶意节点,提供虚假的交互信息。这些自私节点和恶意节点蚕食云环境下的系统资源,除破坏云环境下的资源分配公平性之外,还会使云计算环境下的正常节点由于资源需求无法得到满足而不能正常执行任务,导致系统可靠性的降低。节点间交互过程中可能出现的这些威胁,都会导致作为信任值评估证据的样本空间不一定完整和可靠,因而现有的信任评估模型不太适用。

Bayesian 方法是建立在主观概率的基础上,通过对历史经验、各方面信息等客观情况的了解,再进行分析推理后得到的对特定事件发生可能性大小的度量,本章借鉴社会学中人际关系信任模型和主观 Bayesian 方法对原有动态商空间模型进行扩展,旨在构造一种云环境下基于主观 Bayesian 方法的动态商空间模型。

本章提出的基于主观 Bayesian 方法的动态商空间模型是在文献[138-139]和本章提出的原有动态商空间基础上,对其进行较大的扩充得到的,主要体现在以下几点:

(1) 研究了信任的定义、描述、评估方法和合成、传递、推导机制;

(2) 针对原有动态模型中,对推荐信任关系的评估较为简单的问题,细化了推荐信任关系及相应的评估方法;

(3) 考虑网络中节点的不确定性、欺骗性等问题,研究风险因素,引入了惩罚机制和分级剪枝过滤机制。

人们在生活中进行各种各样的交易、交互和通信都是基于一个基础理念——信任。实质上,信任是在人际关系网络中的一种社会心理学概念,指的是在社会中,个体对其他个体可靠性程度的评价。一般而言,个体的可靠程度取决于其他个体的推荐情况。而云环境中的云资源节点与人际关系网络中的个体有较大的相似,可以体现在下述问题中:

(1) 云资源节点在与其他云资源节点进行交互时,可能留下描述其行为特征的相互之间的交互信息;

(2) 相异的云资源节点可以通过其不同的主观判断标准选择交互节点,节点具备信任的主观性;

(3) 节点之间的交互关系可以是一对一,一对多,也有可能是多对多或者多对一;

(4) 和信任关系类似,节点间的交互具有一定的传递性。因此,云环境下的资源节点可以根据其历史交互经验进行信任评估。

在信任评估模型中,节点间信任关系分为两类:一类为直接信任关系,如图 4.1(a)所示,当节点 $i$ 和节点 $j$ 之间存在可作为可信度评估依据的直接交互时,应当评估其直接交互成功的概率,可以称之为直接信任度评估,使用 $T_{dt}$ 表示直接信任度;另一类为推荐信任关系,如图 4.1(b)所示,当节点 $i$ 和节点 $j$ 之间不存在可作为可信度评估的直接交互,而节点 $i$ 可以获取其他节点(例如节点 $k$)关于节点 $j$ 的可作为可信度评估依据的交互,这种需要通过第三方来建立的信任关系,称为推荐信任度评估,用 $T_{rt}$ 表示推荐信任度。

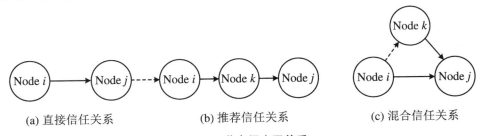

|(a) 直接信任关系|(b) 推荐信任关系|(c) 混合信任关系|

**图 4.1　节点间交互关系**

当同时存在直接信任关系和推荐信任关系时,如图 4.1(c)所示,为混合信任关系,应当将前文中提到的两种交互信任关系进行合并,获得总体的信任评价。如同在人际关系网络中,当个体之间进行信任评估时,往往既存在直接信任关系也存在推荐信任关系,不同的个体由于其个性、情绪等主观因素不同,具有不同的量化判断标准。本节选择线性函数作为两种信任关系的合并函数,如式(4.1)所示

$$T = \lambda \cdot T_{dt} + (1-\lambda) \cdot T_{rtv} \tag{4.1}$$

其中,$\lambda \in (0,1)$,表示个体对两种信任关系的调节因子,当 $0 < \lambda < 0.5$ 时,表示个体更信任推荐信任关系,而当 $\lambda > 0.5$ 时,表示个体相信直接交互经验超过其他个体的推荐经验。

## 4.2.1 直接信任关系

直接信任是节点根据历史交互经验,对目标节点未来行为的主观期望,在这里借鉴文献[140]提出的模型,根据二项事件后验概率分布服从 Beta 分布来求解信任值。设两个云资源节点 $i$ 和 $j$,使用二项事件(交互成功/交互失败)描述它们之间的交互结果;当节点 $i$ 和 $j$ 之间发生 $n$ 次交互后,其中成功交互的次数为 $\alpha$,失败交互的次数为 $\beta$;同时假设随机变量 $x$ 为一次交互过程中获得成功的概率,且 $x$ 服从 $(0,1)$ 的均匀分布 $U(0,1)$。定义 $i$ 对 $j$ 的直接信任度 $T_{dt}$ 为

$$T_{dt} = \int_0^1 x \frac{\Gamma(\alpha+\beta+2)}{\Gamma(\alpha+1)\Gamma(\beta+1)} x^{\alpha} (1-x)^{\beta} dx = \frac{\alpha+1}{\alpha+\beta+2} \tag{4.2}$$

由式(4.2)可以看出,直接信任关系的评估与节点间成功交互次数以及总交互次数有关。虽然通过式(4.2)可以得到节点间的直接信任度,然而当节点间没有交互或者交互较少时,较少的样本数将不足以评估节点间直接信任关系。

针对该问题,本节使用区间估计理论[141]对信任度的置信水平进行度量,设 $(T_{dt}-\delta, T_{dt}+\delta)$ 为直接信任度 $T_{dt}$ 的置信度为 $\gamma$ 的置信区间,$\delta$ 为可接受误差,则 $T_{dt}$ 的置信度 $\gamma$ 计算公式如下:

$$\gamma = P(T_{dt}-\delta < T_{dt} < T_{dt}+\delta) = \frac{\Gamma(\alpha)\Gamma(\beta)}{\Gamma(\alpha+\beta)} \cdot \int_{T_{dt}-\delta}^{T_{dt}+\delta} x^{\alpha-1} (1-x)^{\beta-1} dx \tag{4.3}$$

由于区间估计的置信度与精度相互制约,因此首先选定置信度阈值 $\gamma_0$,再增加交互样本数(即交互次数)$n$ 提高精度,直至达到可以进行评估的水平,即 $\gamma \geqslant \gamma_0$,最后按照此时的直接交互信息评估可信度。可见,这时样本容量 $n_0$、可接受误差 $\delta$ 和置信度阈值 $\gamma_0$ 之间的关系由式(4.4)给出:

$$n_0 \geqslant -\frac{1}{2}\frac{1}{\delta^2}\ln\left(\frac{1-\gamma_0}{2}\right) \tag{4.4}$$

通过上述分析可知,根据节点间直接交互样本的置信度值,可以将直接信任关系评估作如下设定:① 当节点间不存在直接交互,或交互样本置信度值 $\gamma < \gamma_0$ 时,设定节点间的直接信任度 $T_{dt}=1/2$;② 当交互样本置信度值 $\gamma \geqslant \gamma_0$ 时,节点间的直

接信任度 $T_{②dt②}$ 按照式(4.2)计算。

## 4.2.2　推荐信任关系

推荐信任关系由两类或多类直接交互关系形成,由于推荐信任关系涉及多方实体的交互关系,因而较难评估,这表现在:依照推荐节点之间的相互交互关系,应当把推荐交互关系进行更深层次的划分,分为单径的推荐关系和多径的推荐关系。然而,由于云环境中存在某些恶意节点或是自私节点,因此评估推荐信任关系时,无法保证所有的推荐节点都是可靠的,也无法保证所有可靠的推荐者进行推荐的信息都为准确的。

因此,针对推荐交互和推荐信任的以上特点,本节借鉴人们接受其他个体推荐信息的心理过程,利用 Bayesian 方法模拟人类判断推荐信息的认知模型,建立抵御恶意节点推荐的机制。

**1. 单径推荐信任关系**

如图 4.2 所示为单径推荐信任关系模型,在单径推荐信任关系传递过程中,推荐信任的传递由节点间的信任关系和该信任关系的可靠程度(即信任强度)构成。

(a) 二级单径推荐模型　　　　　　(b) 三级单径推荐模型

**图 4.2　单径推荐信任关系**

**定义 4.1**　信任强度指的是个体在推荐信任度进行传递时,节点间相互信任关系的可信度;它描述了主体节点对中间推荐节点和目标节点之间信任关系的相信程度。信任强度用 $S$ 表示,且满足 $0 \leqslant S \leqslant 1$。

**定义 4.2**　推荐信任关系由中间推荐节点对目标节点的信任关系和该信任关系的可靠程度组成,可以表示为推荐信任向量 $(T, S)$。

图 4.2(a)为含有 3 个节点的二级单径推荐关系,设节点 $i$ 对中间推荐节点 $k$ 的直接信任度为 $T_{dt}^{ik}$,节点 $k$ 对目标节点 $j$ 的直接信任度为 $T_{dt}^{kj}$,则节点 $j$ 向节点 $i$ 传递的推荐信任向量为 $(T_{kj}, S_{kj})$。其中 $S_{kj}$ 定义为主体节点 $i$ 对节点 $k$ 传递信任信息的相信程度,因此满足式(4.5):

$$\begin{cases} s_{kj} = T_{dt}^{ik} \\ T_{rt}^{ij} = T_{kj} \cdot s_{kj} = T_{dt}^{kj} \cdot T_{dt}^{ik} \end{cases} \tag{4.5}$$

图 4.2(b)为含有 4 个节点的三级单径推荐关系,设节点 $i$、$s$、$k$、$j$ 之间的直接信任度分别为 $T_{dt}^{is}$、$T_{dt}^{sk}$ 和 $T_{dt}^{kj}$,则节点 $j$ 向节点 $s$ 和节点 $i$ 传递的推荐信任向量为 $(T_{kj}, S_{kj})$ 和 $(T_{sj}, S_{sj})$ 满足式(4.6):

$$\begin{cases} T_{\text{rt}}^{sj} = T_{kj} \cdot s_{kj} = T_{\text{dt}}^{kj} \cdot T_{\text{dt}}^{sk} \\ s_{sj} = T_{\text{dt}}^{is} \\ T_{\text{rt}}^{ij} = T_{sj} \cdot s_{sj} = T_{\text{rt}}^{sj} \cdot T_{\text{dt}}^{is} \end{cases} \tag{4.6}$$

同理可以得到多级单径推荐关系的评估方法,当存在 $n$ 个节点$(1,2,\cdots,n)$的 $n-1$ 级单径推荐关系时,节点 $n$ 对节点 $1$ 的推荐信任向量为$(T_{2n},S_{2n})$,其中 $S_{2n}=T_{\text{dt}}^{12}$,$T_{2n}=T_{\text{rt}}^{2n}$。

通过上述公式可见,推荐信任在传递的过程中经过了若干中间推荐节点,推荐信任值发生了衰减。而这正符合人类判断推荐信息的认知模型,即经过多人传递的推荐信息,其可信度逐渐降低。

**2. 多径推荐信任关系**

在云平台中,资源节点之间常常有多条路径,图 4.3 所示为两条路径的推荐信任关系模型:包含路径$\{i,k,s,j\}$和路径$\{i,d,f,j\}$。设节点 $j$ 通过两条路径向 $i$ 传递的推荐信任向量分别为$(T_{kj},S_{kj})$和$(T_{dj},S_{dj})$,那么节点 $i$ 可以根据式(4.7)得到节点 $j$ 的多径推荐信任。

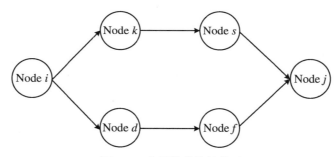

图 4.3　多径推荐信任关系

$$T_{\text{rt}}^{ij} = \omega_1(T_{kj} \cdot S_{kj}) + \omega_2(T_{dj} \cdot S_{dj}) = \omega_1(T_{\text{rt}}^{kj} \cdot T_{\text{dt}}^{ik}) + \omega_2(T_{\text{rt}}^{dj} \cdot T_{\text{dt}}^{id}) \tag{4.7}$$

其中,$\omega_1$ 和 $\omega_2$ 为两条路径推荐信任的权重,有 $\omega_1=S_{kj}/(S_{kj}+S_{dj})$,$\omega_2=S_{dj}/(S_{kj}+S_{dj})$。同理可以得到多级($n$ 级)多径推荐信任关系模型。设多条路径推荐信任向量分别为$\{(T_1,S_1),(T_2,S_2),\cdots,(T_n,S_n)\}$,那么节点 $i$ 可以根据式(4.8)得到节点 $j$ 的多径推荐信任。

$$\begin{cases} T_{\text{rt}}^{ij} = \sum_{i=1}^{n} \omega_i(T_i \cdot S_i) \\ \omega_i = \dfrac{S_i}{\sum_{i=1}^{n} S_i} \end{cases} \tag{4.8}$$

**3. 分级剪枝过滤机制**

在实际的云计算平台中,云资源节点除正常节点外,通常同时还存在自私节点和恶意节点,因此并不能保证所有推荐节点传递的推荐信息都是非恶意的。同时,当推荐路径中存在恶意节点时,该推荐路径传递的推荐信息也是不合理的。恶意节点和恶意推荐往往会提供虚假的交互信息或篡改历史交互结果,导致作为信任值评估证据的样本空间不一定完整和可靠。

针对上述问题,在评估推荐信任关系之前,首先建立分级剪枝过滤机制,过滤偏离直接信任度过大的推荐和可信度较低的推荐;再通过惩罚机制对多径推荐信任的终点是同一推荐节点这一易出现恶意推荐的情况进行讨论。

如前文所述,节点可以通过搜索网络中的其他节点和目标节点的历史交互信息获取推荐信任关系。在多径推荐信任关系模型中,主体节点和目标节点之间往往会存在多条推荐路径(推荐路径可以为一个推荐节点,也可以由多个推荐节点组成的多级推荐关系)。然而,由于恶意节点的存在,并不是所有的推荐信息都是可靠的,因此需要过滤掉恶意和无用的推荐信息。参照人类接受推荐的认知过程可知:可信度较低的推荐者的推荐信息参考价值较低;偏离直接交互经验或心理预期较大的推荐难以接受。

因此,本节使用分级剪枝过滤机制在可选推荐路径中筛选有用的推荐信息,对推荐信任度较低或推荐偏差较大的推荐进行剪枝过滤。

**定义 4.3**　定义推荐偏差如下,设节点 $i$ 和节点 $j$ 的直接信任度为 $T_{dt}^{ij}$,$T_{rt}^{P_k}$ 为推荐路径 $P_k$ 的推荐信任度,则推荐偏差 $d_k$ 为

$$d_k = \left| T_{dt}^{ij} - T_{rt}^{P_k} \right| \tag{4.9}$$

其中,推荐路径 $P_k$ 推荐信任度的偏差 $d_k$ 越大,被接受的可能性越小,当节点 $i$ 和节点 $j$ 不存在直接交互时,设定直接信任度 $T_{dt}^{ij}$ 的值为 $1/2$。

对于可信度较高的推荐节点,如若其推荐信息的偏差较大,可以在偏差允许的范围内接受该推荐信息,而对于信任度较低的推荐,可接受的偏差范围则较小。本节使用文献[142]提出的信任等级划分方法,对推荐路径按照其信任度的不同划分其等级,并提供不同的可接受范围。信任等级划分方法如式(4.10)所示:

$$l(x) = \begin{cases} l, & t_l \leqslant x \leqslant 1 \\ l-1, & t_{l-1} \leqslant x < t_l \\ \cdots & \cdots \\ 1, & t_1 \leqslant x < t_2 \\ 0, & 0 \leqslant x < t_1 \end{cases} \tag{4.10}$$

其中,$x$ 表示信任度,$l(x)$ 表示其信任等级。按照信任度划分为不同信任等级后,其分级剪枝过滤过程如下:

(1) 对于推荐路径 $\{P_1, P_2, \cdots, P_n\}$,根据路径推荐信任将其划分为 $l+1$ 个等级,按照不同的等级包含在不同的推荐路径集合 $\{P_k\}_l$ 中,对每一信任等级 $l$,其可接受推荐偏差为 $\varepsilon_l$。

(2) 设 $0 < m < l$,枝剪可信度低于 $m$ 级的推荐路径集合,用于排除可信度较低的推荐路径。

（3）对于剩余推荐路径集合$\{P_k\}_{(l|l>m)}$，推荐路径$P_k$的可接受范围由其推荐偏差决定，如式（4.11）所示：

$$d_k \in [0, \varepsilon_l] \tag{4.11}$$

**4. 惩罚机制**

在多径推荐信任关系模型中，当多条推荐路径的终点为某一节点，而此节点恰为恶意节点，并进行恶意的信任推荐，显然最后得到的信任评估一定是不合理的。如图4.4所示，当推荐路径$\{i, k, s\}$和$\{i, d, f\}$的终点为节点$m$时，节点$m$的信任传递对节点$i$和节点$j$之间的推荐信任评估有着重要意义。针对该问题，引入惩罚机制[143]并加以讨论。

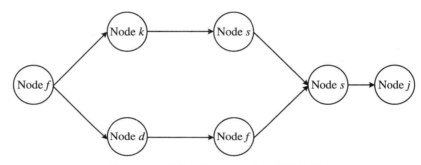

**图4.4 多径信任推荐关系中的惩罚机制**

设多径推荐信任关系模型中包含$n$个节点，其中含有$c$个自私节点和$z$个恶意节点，定义$I$为推荐路径上第1个推荐节点是恶意节点的事件，$H_k$表示推荐路径上第一个恶意节点占据第$k$个位置的事件，则从第$k$个位置开始推荐路径上存在恶意节点的事件可以用$H_{k+} = H_k \vee H_{k+1} \vee H_{k+2} \vee \cdots$表示。因此，当信任信息传递路径上存在恶意节点时，设恶意节点假冒正常节点的概率为$P(I|H_{1+})$，满足式（4.12）：

$$\begin{cases} P(I|H_1) = 1, P(I|H_{2+}) = \dfrac{1}{n-z}, P(H_{1+}) = \displaystyle\sum_{i=1}^{+\infty} P(H_i) \\ P(I) = P(H_1)P(I|H_1) + P(H_2)P(I|H_{2+}) \\ P(I|H_{1+}) = \dfrac{P(I \wedge H_{1+})}{P(H_{1+})} = \dfrac{P(I)}{P(H_{1+})} = 1 - \dfrac{(n-c-z)(n-z-1)}{(n-c)(n-z)} \end{cases} \tag{4.12}$$

针对上述问题，可以引入惩罚因子$p_s$，调整在多径信任传递过程中推荐信息传递的路径终点可能是同一节点，而该节点恰为恶意节点时，对推荐信任评估带来的影响。如图4.4所示，当两条推荐路径的推荐信任向量分别为$(T_{kj}, S_{kj})$和$(T_{dj}, S_{dj})$，且两条推荐路径中含有相同的节点$m$时，节点$i$可以根据式（4.13）得到节点$j$的新的多径推荐信任：

$$T_{rt}^{ij} = [\omega_1(T_{kj} \cdot S_{kj}) + \omega_2(T_{dj} \cdot S_{dj})] \cdot p_s \tag{4.13}$$

其中,$\omega_1$ 和 $\omega_2$ 为两条路径推荐信任的权重。在引入惩罚因子后,恶意节点冒名正常节点的概率 $P'(I \mid H_{1+})$ 为

$$P'(I \mid H_{1+}) = 1 - \frac{(n-c-z)(n-z-1)}{(n-c)(n-z)(1-p_s)} \tag{4.14}$$

由式(4.12)和式(4.14)可以看出,引入惩罚因子 $p_s$ 后,恶意节点顶替正常节点参与信息传递的概率减少,可以在一定程度上提高系统的可靠性。

### 4.2.3　时间因素

为体现信任评估的动态性,考虑时间因素对信任评估的影响。借鉴人类对历史信息的认知方法可知,不同时期的历史交互信息对信任评估过程产生的影响是不同的,越接近的历史交互信息,影响越大,而时间跨度越长的历史交互信息影响越小,直至对评估失去意义而不对其进行考虑。

类似文献[144]方法,在这里采用时间分段的概念,将时间段设置为一天,并引入时间影响力衰减因子 $\eta$ 刻画不同时期历史交互信息的重要程度。因此,对于 $n$ 个时间段,设时间段 $i$ 的成功交互和失败交互次数分别为 $\alpha_i$ 和 $\beta_i$,则第 $n$ 个时间段后总的交互成功次数和失败次数 $\alpha(n)$ 和 $\beta(n)$ 如式(4.15)所示:

$$\begin{cases} \alpha(n) = \sum_{i=1}^{n} \alpha_i \cdot \eta^{(n-i)} \\ \beta(n) = \sum_{i=1}^{n} \beta_i \cdot \eta^{(n-i)} \end{cases} \tag{4.15}$$

其中,$0 \leqslant \eta \leqslant 1$,$\eta = 0$ 表示只考虑最近一次的历史交互影响,而 $\eta = 1$ 表示不考虑时间影响力衰减因子。

## 4.3　基于主观 Bayesian 动态商空间模型的动态级调度算法

根据上一节讨论的基于主观 Bayesian 方法的动态商空间模型,充分考虑云资源节点的可信度,针对节点中存在恶意推荐问题,扩展了传统的 DLS 算法[145],使得基于有向无环图(DAG)的云资源调度算法更加全面合理。

DLS 算法是静态的启发式的表调度算法。DLS 算法主要适用于基于 DAG 的应用,当将该类应用分配到异构的云资源节点的集合上执行时,调度过程的每一步,DLS 算法都需要查找最高"动态级"的资源 $m_j$-任务 $v_i$ 对,并将任务 $v_i$ 调度到资源 $m_j$ 上执行。任务-资源($v_i - m_j$)对的动态级 $DL(v_i, m_j)$ 定义如式(4.16)所示:

$$DL(v_i, m_j) = SL(v_i) - \text{Max}\{t^A_{i,j}, t^M_j\} + \Delta(v_i, m_j) \tag{4.16}$$

其中,$SL(v_i)$ 为任务静态级,在一个调度期间内为常数,指 DAG 中从任务 $v_i$ 到终止节点的最大执行时间;$\text{Max}\{t^A_{i,j}, t^M_j\}$ 表示任务 $v_i$ 在资源 $m_j$ 上执行的时间,$t^A_{i,j}$ 表示任务 $v_i$ 调度到资源 $m_j$ 上所需输入数据可获得的时间,$t^M_j$ 表示资源 $m_j$ 空闲时可以用于执行任务 $v_i$ 的时间;$\Delta(v_i, m_j)$ 表示资源 $m_j$ 的相对计算性能,为任务 $v_i$ 在所有资源上的平均执行时间与其在资源 $m_j$ 上的执行时间之差。

当任务调度到目标节点上执行时,可信度反映目标节点提供服务的可靠程度,由于资源节点存在异构性,而 DLS 算法能够适应资源的异构性特征,然而 DLS 算法没有考虑到云资源节点的可信度对资源调度效果的影响。为解决该问题,文献[138-139]考虑节点间行为特性和历史交互信息,提出了可信动态级调度算法,并应用到网格服务和云服务中。然而,该算法假设资源分配具有公平性,认为各节点给出的历史交互信息都是真实可靠的,并未考虑自私节点和恶意节点对交互信息和推荐信任评估结果的影响。因此,本节引入分级剪枝过滤机制和惩罚机制,提出云环境下基于主观 Bayesian 方法的动态级调度算法(BST-DLS),对于任务 $v_i$ 和云资源节点 $n_j$,其可信动态级 BST-DL$(v_i, n_j)$ 定义如式(4.17)所示:

$$\text{BST-DL}(v_i, n_j) = T_S(v_i, n_j) \cdot (SL(v_i) - \text{Max}\{t^A_{i,j}, t^M_j\} + \Delta(v_i, n_j))$$
$$\tag{4.17}$$

其中,$T_S(v_i, n_j)$ 表示云资源节点 $n_s$ 调度任务 $v_i$ 到云资源节点 $n_j$ 上时对 $n_j$ 可信度的评估,即前文中讨论的合并信任度 $T$。

下面给出云计算环境下基于动态商空间模型的可信动态级调度算法 BST-DLS 的算法描述。

**算法 4.1** 云计算环境下基于动态商空间模型的可信动态级调度算法。

输入:给定任务图 DAG $=\{v_1, v_2, \cdots, v_n\}$,云资源节点 $\{n_1, n_2, \cdots, n_m\}$ 以及节点间的历史交互记录。

输出:子任务资源分配序列 $A = \{(v_i, n_j)\}$。

```
BST-DLS()
    {For each n_j
        {
        T_dt = Count T_dt(Cloud);    //计算直接信任度
        T_rt = Count T_rt(Cloud);    //计算间接信任度
        T = Count T(T_dt, T_rt);     //计算每个云资源节点的合并信任度
        }
    BST-DL() = Count BST-DL(T, DAG);  //计算每个子任务的可信动态级别
    L←{v_i | indegree(v_i) = 0, 1≤i≤n};  //DAG图中,入度为0的子任务进入子任务准备队列 L
    A←Φ;ε←L;  //子任务资源分配序列与执行队列初始化
    Do until  ε=Φ
        {For each v_i ∈ ε
```

```
{
(v_i, n_j) ← select(v_i) ∧ max[BST-DL(v_i, n_j)];    //为任务 v_i 匹配可信动态级别最
                                                        大的云资源 n_j
A ← A + {(v_i, n_j)};
ε ← ε − {v_i};
For each immediate successor_x of task v_i
        {indegree(v_x) = indegree(v_x) − 1;
            If indegree(v_x) = 0
                ε ← ε + {v_x};
            end if
        }
    }
}
}
```

$\qquad$在本节提出的 BST-DLS 算法中,首先通过计算每个云资源节点的直接信任度和间接信任度,对云资源节点的可信度进行度量;之后,将入度为零的子任务输入任务执行队列 $L$ 进行初始化,对于任务 $v_i$ 计算空闲资源集合中使其动态级最大的云资源节点 $n_j$,再将云任务 $v_i$ 与云资源节点 $n_j$ 进行匹配,最后将任务 $v_i$ 和云资源节点 $n_j$ 分别从任务执行队列 $L$ 与空闲资源集合中去除,得到任务与资源分配序列。

$\qquad$算法计算云资源节点的直接信任度、间接信任度与合并信任度需要循环 $n$ 次,内层基于贪心算法思想为任务 $v_i$ 选择资源节点,在空闲资源集合中选择资源 $n_j$,平均需要 $m/2$ 次,处理任务 $v_i$ 后续任务初始化需要 $O(1)$,因此云计算环境下基于动态商空间模型的可信动态级调度算法 BST-DLS() 的时间复杂度为 $O(nm)$。

$\qquad$传统的 DLS 算法在作出调度决策时,能够有效适应分布式计算环境下资源的异构性,式(4.16)在进行动态级评估时候,实质上是把云环境下的虚拟机资源和云任务映射到时间维度,在时间维度上对匹配的动态级进行比较,以此选择最优的任务-资源对,在将任务和资源进行绑定。

$\qquad$然而该算法没有考虑云资源节点的可信度和云环境下恶意节点对任务调度效果的影响。本节提出的 BST-DLS 算法将云环境下云资源节点的风险因素和其可信度作为新参量同时映射到时间维度。因此,该方法考虑了最小化执行时间的同时,也同时考虑了分布式计算环境中的风险因素。

# 4.4　仿真实验及结果分析

$\qquad$为验证提出的动态商空间模型和动态级调度算法,本节在 PlanetLab 环境[146]

中设计了基于云仿真软件 CloudSim[147] 的实验平台。分布于全球的计算机群项目 PlanetLab 始于 2003 年，由普林斯顿大学、华盛顿大学、加州大学和 Intel 研究人员共同开发，其目标是提供一个用于开发下一代互联网技术的开放式全球性测试实验平台。在 PlanetLab 的网络模拟实验环境中，设定的节点数和节点之间的链路数预先给定，链路间的数据传输速度介于 $[1,10]$Mb/s 之间。

云仿真软件 CloudSim 是一个通用、可扩展的新型仿真框架，它通过在离散事件模拟包 SimJava 上开发的函数库支持基于数据中心的虚拟化建模、仿真功能和云资源管理、云资源调度的模拟。同时 CloudSim 为用户提供了一系列可扩展的实体和方法，用户根据自身的要求调用适当的 API 实现自定义的调度算法。本节所有的仿真试验中，每组实验分为 10 次，最终结果采用平均值。相关实验参数设置如下：根据文献[22-23]讨论，信任关系调节因子 $\lambda$ 和时间影响衰减因子 $\eta$ 均设置为 0.8；式（4.3）和式（4.4）中 $\delta$ 和 $\gamma_0$ 的取值分别为 0.1 和 0.95；同时按照式（4.18）将信任等级划分如下：

$$l(x) = \begin{cases} 2, & 0.5 \leqslant x \leqslant 1 \\ 1, & 0.2 \leqslant x < 0.5 \\ 0, & 0 \leqslant x < 0.2 \end{cases} \tag{4.18}$$

其中，对于信任等级 $l(x)=0$ 的推荐路径进行剪枝，对于信任等级 $l(x)=1$ 和 $l(x)=2$ 的推荐路径，其可接受偏差范围 $\varepsilon_l$ 分别设为 $\varepsilon_1$ 和 $\varepsilon_2$。

在实际的云计算平台中，由于不同类型的恶意节点通过组合都可以产生一类新的恶意节点，因此对恶意节点的刻画较为困难。为简化实验，本章仅对以下几类节点进行测试：由提供不真实服务的节点组成简单恶意节点集合；诋毁与其交互的正常节点，以降低其信誉度的诋毁恶意节点集合；合谋恶意节点，这类节点通过修改交易信息，夸大同伙节点的可信度，同时诋毁正常节点。此外，设置两类自私节点，分别占节点总数的 10%，它们在分配到任务时，以 80% 和 50% 的概率执行任务失败。

实验首先对提出的惩罚机制和分级剪枝过滤机制进行讨论，主要讨论惩罚因子 $p_s$ 以及分级剪枝过滤机制中的参数对信任度评估的影响。

## 4.4.1 惩罚机制与分级剪枝过滤机制

### 1. 惩罚机制

为考察多径推荐信任关系中引入惩罚机制的有效性，当惩罚因子 $p_s$ 的取值分别为 0.3、0.7、1 时，对任务执行成功率进行比较。

实验中相关参数设置如下：云资源节点数为 200，链路数为 200，任务数为 100，设定网络中存在的恶意节点为提供不真实服务的简单恶意节点。

由式（4.13）可知，惩罚因子 $p_s$ 可以调节惩罚机制的影响力，当 $p_s=1$ 时，未使用惩罚机制，而当 $p_s$ 的值越小则惩罚机制的影响力越强。如图 4.5 所示，当网络中的恶意节点不超过 20％时，$p_s$＝1 和 $p_s$＝0.3、$p_s$＝0.7 的任务执行成功率相似；随着网络中的恶意节点比例增加，任务执行成功率均有不同程度的降低，而当恶意节点比例超过 35％时，未考虑惩罚机制时的任务执行成功率下降速度较快，且数值明显低于其他两类，这充分体现了本节提出的惩罚机制的有效性。

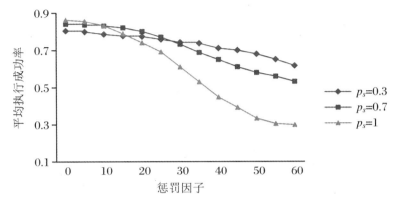

图 4.5　惩罚因子 $p_s$ 对平均执行成功率的影响

　　值得一提的是，当网络中恶意节点所占比例小于 10％时，未使用惩罚机制的任务执行成功率略高于使用惩罚机制的任务执行成功率。这是由于在多径推荐信任关系模型中，惩罚机制是针对多条推荐路径的终点为同一推荐节点，且该节点恰好为恶意节点的情况。因此，如果网络中存在较少的恶意节点或不存在恶意节点，则该惩罚机制会在一定程度上降低算法选择最可靠路径的可能性，从而使得任务执行成功率有一定程度的降低。

**2. 分级剪枝过滤机制**

　　为考察本节提出分级剪枝过滤机制的有效性，对于信任等级 $l(x)=1$ 和 $l(x)=2$ 的推荐路径，对其可接受偏差 $(\varepsilon_1,\varepsilon_2)$ 分别取 $(0.1,0.2)$、$(0.2,0.4)$ 和不考虑该机制时的任务执行成功率进行比较。为表达清楚，用 $E_1$、$E_2$ 和 $E_3$ 分别表示可接受偏差 $(\varepsilon_1,\varepsilon_2)$ 的取值为 $(0.1,0.2)$、$(0.2,0.4)$ 和未使用分级剪枝过滤机制的情况。

　　其他实验环境设置如下：云资源节点数为 200，链路数为 200，任务数为 100，惩罚因子 $p_s$＝0.7，设定网络中存在的恶意节点为提供不真实服务的简单恶意节点。

　　实验结果如图 4.6 所示，随着网络中恶意节点的比例的增加，$E_1$、$E_2$ 和 $E_3$ 的任务执行成功率均有不同程度的降低，其中未考虑分级剪枝过滤机制的 $E_3$ 成功率降低较快，而 $E_1$ 和 $E_2$ 在恶意节点比例超过 30％时仍然具有相对较高的任务执行成功率，说明了本节提出分级剪枝过滤机制的有效性。

　　当恶意节点比例超过 40％时，可以看出，$E_1$ 的执行成功率略高于 $E_2$，说明在恶意节点比例较大的网络环境中，适合采用更小的可接受范围以保证任务执行的可靠性。

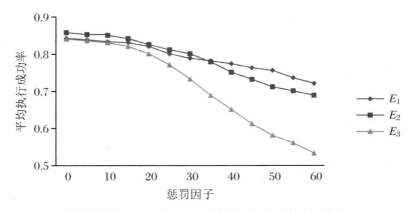

图 4.6 分级剪枝过滤机制对平均执行成功率的影响

## 4.4.2 各类恶意节点情况下的比较

该仿真实验针对网络中存在三类典型的恶意节点,即简单恶意节点、诋毁恶意节点和合谋恶意节点,比较本节提出的 BST-DLS 算法和、Cloud-DLS 算法和传统的 DLS 算法在不同类型恶意节点情况下的性能。实验相关参数设置如下:云资源节点数为 200,链路数为 200,任务数为 100,设置惩罚因子 $p_s$ 为 0.7,可接受偏差 $(\varepsilon_1, \varepsilon_2)$ 取 $(0.1, 0, 2)$。

**1. 简单恶意节点**

图 4.7 为恶意节点为简单恶意节点情况下,BST-DLS 算法、Cloud-DLS 算法和传统的 DLS 算法的任务执行成功率。从图 4.7 可以看出,当增加恶意节点所占比例时,三种算法的任务执行成功率都呈下降趋势。BST-DLS 算法与 Cloud-DLS 算法、DLS 算法相比下降速度最慢,当恶意节点比例达到 40% 时,Cloud-DLS 算法和 DLS 算法任务执行成功率分别只有 50.9% 和 18.9%,而 BST-DLS 算法能够有效的抵御恶意节点,任务执行成功率为 77.4%。

分析其原因为:当恶意节点增加时,节点间交互失败的可能性也相应提高。由于 Cloud-DLS 算法和 DLS 算法同属基于证据的信任模型,缺乏对恶意节点的惩罚和识别,当恶意节点数量较大时,严重影响了正常节点的行为。而本节提出的 BST-DLS 算法通过分级剪枝过滤机制和惩罚机制,能够较为有效地抑制简单恶意节点的攻击。

**2. 诋毁恶意节点**

图 4.8 为恶意节点为诋毁恶意节点情况下,BST-DLS 算法、Cloud-DLS 算法和传统的 DLS 算法的任务执行成功率。诋毁恶意节点通过提供不真实服务诋毁与其交易过的可信节点,通过图 4.8 可以看出,虽然当增加恶意节点比例时,三种算法的任务执行成功率都呈下降趋势,但是在有 40% 为诋毁恶意节点的情况下,BST-DLS 算法仍然具有 75.7% 的任务执行成功率,明显高于其他两种算法,较为

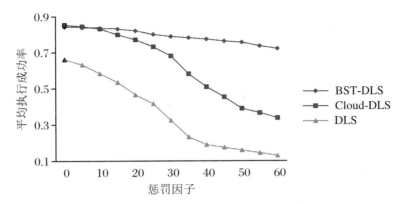

**图 4.7　简单恶意节点情况下的平均执行成功率**

有效地抑制了诋毁恶意节点的影响。

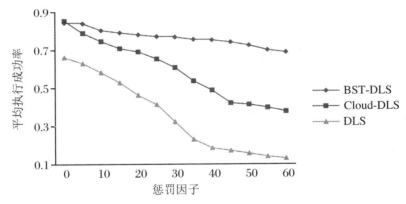

**图 4.8　诋毁恶意节点情况下的平均执行成功率**

### 3. 合谋恶意节点

　　图 4.9 为恶意节点为合谋恶意节点情况下,BST-DLS 算法、Cloud-DLS 算法和传统的 DLS 算法的任务执行成功率。合谋恶意节点通过提供不真实服务信息夸大同伙节点可信度的同时,也会诋毁与其交易过的可信节点,试图降低可信节点的信任度。

　　由图 4.9 可见,当增加合谋恶意节点的比例时,三种算法的任务执行成功率同样都呈下降趋势,在有 40% 为合谋恶意节点的情况下,BST-DLS 算法具有 72.9% 的任务执行成功率,明显高于 Cloud-DLS 算法和 DLS 算法的 47.1% 和 19.6%。

　　由上述实验结果可以看出,BST-DLS 算法在网络中存在三类典型的恶意节点的情况下,通过分级剪枝过滤机制和惩罚机制可以有效地抑制恶意节点,保证任务执行的可靠性。而 Cloud-DLS 算法和 DLS 算法由于并未对恶意节点作任何处理,因此当恶意节点比例增加时,恶意节点很容易获得较高的可信度。同时,在网络中

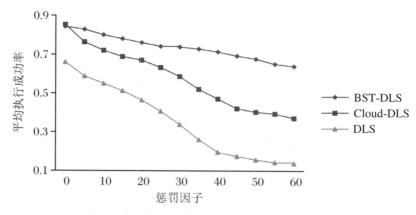

**图 4.9　合谋恶意节点情况下的平均执行成功率**

存在诋毁恶意节点和合谋恶意节点的情况下，往往可信节点的信任度还会由于恶意节点的诋毁反而变得较低。恶意节点由此得到大量的交互，并使得这些交互失败而导致系统可靠性降低。

### 4.4.3　不同节点数情况下的比较

该仿真实验在网络中具有不同节点数的情况下，比较 BST-DLS 算法、Cloud-DLS 算法和 DLS 算法在任务执行成功率和调度长度方面的性能。实验相关参数设置如下：设定实验中随机产生 100 至 1000 个云资源节点，任务数为 100，链路数为 200；设置惩罚因子 $p_s$ 为 0.7，可接受偏差 $(\varepsilon_1, \varepsilon_2)$ 取 $(0.1, 0, 2)$，设定网络中存在的恶意节点为提供不真实服务的简单恶意节点，恶意节点占网络中节点的比例为 40%。

由图 4.10、图 4.11 可见，当网络中恶意节点比例为 40% 时，随着网络中总节点数的增加，三种算法的任务执行成功率均略有提高，而调度长度均有不同程度的减少。图 4.10 中，BST-DLS 算法的平均任务执行成功率为 82.39%，明显高于 Cloud-DLS 算法的 60.89% 和 DLS 算法的 23.48%，充分体现了本节提出 BST-DLS 算法的有效性。图 4.11 中本节提出的 BST-DLS 算法的平均调度长度为 1721.7，高于 Cloud-DLS 算法的 1447.1 和 DLS 算法的 1009.6。

综上可见，BST-DLS 算法与 DLS 算法相比平均执行成功率和平均调度长度的增加分别为 250.89% 和 70.53%，与 Cloud-DLS 算法相比平均执行成功率和平均调度长度的增加分别为 35.3% 和 18.97%。由此可见，BST-DLS 算法虽然能够显著地提高系统的可靠性，但在获得较高的任务执行成功率的同时，也牺牲了一定的调度长度，且该算法在可靠性方面性能的提高远高于所增加的调度长度。

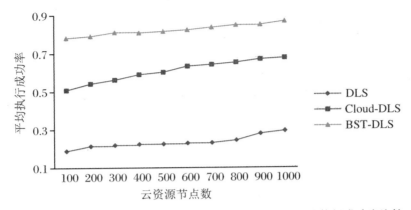

**图 4.10　不同节点数下 DLS、Cloud-DLS 和 BST-DLS 的平均执行成功率比较**

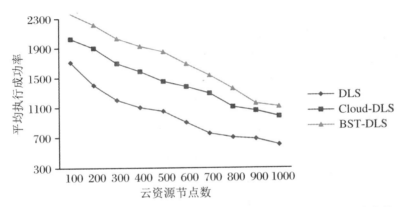

**图 4.11　不同节点数下 DLS、Cloud-DLS 和 BST-DLS 的平均调度长度比较**

# 本 章 小 结

　　本章使用主观 Bayesian 方法对原有动态商空间模型进行扩展和应用。针对云环境中存在自私节点和恶意节点的情况，首先研究了云计算环境下的资源调度问题；其次，考虑动态模型中节点间直接信任及推荐信任的传递与合成，在原有动态商空间模型中引入惩罚机制和分级剪枝过滤机制，通过对云环境下节点可信度的评估，能够为云环境中主体节点的信任决策提供有效的支持，使得应用任务在值得信赖的环境下运行。

# 第5章 基于 Gamma 分布的动态商空间模型及其应用

## 5.1 引　　言

在文献[138-139]所提出的算法中,对于网络中的两个节点 $i$ 和 $j$,使用二项事件(交互成功/交互失败)表示节点间的交互结果,而信任度被定义为节点 $i$ 和 $j$ 发生 $n$ 次交互后,第 $n+1$ 次交互成功的概率估计。然而,在实际的云计算环境中,由于软件、硬件以及系统过载等原因,失效问题在软件系统执行过程中不可避免,而失效恢复机制作为分布式系统可靠性研究的基础问题,在分布式计算、网格计算的可靠性研究中已经得到了广泛的应用[148-149]。

在失效恢复机制下,并不是所有失效都可以恢复,如软件故障和部分通信链路故障就不可恢复[150]。如图 5.1 所示,当网络中的节点间交互结果为失败时,按照物理故障(元件、链路失效)或软件故障(设计、交互原因)的分类,可以将其划分为可恢复失效和不可恢复失效。因此,在上述研究中,简单使用二项事件来描述节点间的交互结果使得相应的信任评估模型不太适用。

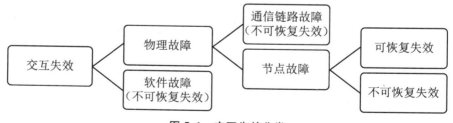

**图 5.1　交互失效分类**

本章考虑云环境下的失效恢复机制,对原有动态商空间模型进行扩展,构建基于 Gamma 分布的动态商空间模型,其主要贡献如下:

(1) 使用三项事件(交互成功/可恢复失效/不可恢复失效)描述节点间的交互结果,建立相应的信任评估模型,对原有动态商空间进行扩展。

(2) 失效恢复机制在提高系统的可靠性的同时,也增加了时间代价和系统服务开销,本章在建模和分析的过程中,评估了失效恢复的执行效率对系统性能的影响。

（3）将考虑失效恢复机制的信任评估模型引入传统的 DLS 算法中，提出了考虑失效恢复机制的动态级调度算法，仿真实验结果表明，提出的 FR-LS 算法能够为云环境中主体节点的信任决策提供有效的支持，有效地提高云服务的可靠性。

# 5.2　基于 Gamma 分布的动态商空间模型

如前文所述，云计算平台下的资源节点与人际关系网络中的个体具有很大的相似性，云环境下的资源节点可以根据其历史交互经验进行信任评估。在信任评估模型中，节点间交互关系可以划分为两类：一类为直接交互关系，使用 $\theta_{dt}$ 表示；另一类为推荐交互关系，用 $\theta_{rt}$ 表示推荐信任度。

## 5.2.1　时间因素

为体现信任评估的动态性，考虑时间因素对信任评估的影响。借鉴人类对历史信息的认知方法可知，不同时期的历史交互信息对信任评估过程产生的影响是不同的，越接近的历史交互信息影响越大，而时间跨度越长的历史交互信息影响越小直至对评估失去意义而不对其进行考虑。

在这里仍采用时间分段的概念，将时间段设置为一天，并引入时间影响力衰减因子 $\eta$ 刻画不同时期历史交互信息的重要程度。设两个云资源节点 $i$ 和 $j$，使用三项事件（不可恢复失效、可恢复失效、交互成功）描述它们之间的交互结果，当节点 $i$ 和 $j$ 之间发生 $n$ 次交互后，其中不可恢复失效的次数为 $\alpha$，可恢复失效的次数为 $\beta$，交互成功的次数为 $\gamma$。因此，将其划分为 $m$ 个时间段后，设其中第 $i$ 个时间段的不可恢复失效、可恢复失效和交互成功次数分别为 $\alpha_i$、$\beta_i$ 和 $\gamma_i$，则考虑时间衰减因子 $\eta$ 后的第 $i$ 个时间段的不可恢复失效 $\alpha(i)$、可恢复失效 $\beta(i)$ 和交互成功次数 $\gamma(i)$ 如式（5.1）所示：

$$\begin{cases} \alpha(i) = \alpha_i \cdot \eta^{(m-i)} \\ \beta(i) = \beta_i \cdot \eta^{(m-i)} \\ \gamma(i) = \gamma_i \cdot \eta^{(m-i)} \end{cases} \tag{5.1}$$

其中，$0 \leqslant \eta \leqslant 1$，$\eta = 0$ 表示只考虑最近一次的历史交互影响，而 $\eta = 1$ 表示不考虑时间影响力衰减因子。

## 5.2.2　直接信任关系

直接信任是节点根据历史交互经验，对目标节点未来行为的主观期望，在这里运用 Bayesian 方法估计其值。

根据经验分析[151]，由不可恢复失效产生的因素可知，在一个时间段内不可恢复失效的概率可以认为是不变的。因此，设第 $i$ 个时间段的不可恢复失效概率 $q_0$ 为常数，如式 (5.2) 所示：

$$q_0 = \frac{\sum\limits_{i=1}^{m} \alpha(i)}{\sum\limits_{i=1}^{m} (\alpha(i) + \beta(i) + \gamma(i))} \tag{5.2}$$

同时，设第 $i$ 个时间段内可恢复失效概率为 $q_i$，则第 $i$ 个时间段的成功交互概率可以表示为 $\theta_i = 1 - q_0 - q_i$。对于 $m$ 个时间段，设 $\theta = (\theta_1, \cdots, \theta_m)$ 为随机变量，其验前分布为均匀分布，则其联合概率密度函数为

$$f(\theta_1, \cdots, \theta_m) = \begin{cases} \dfrac{1}{V_m}, & (\theta_1, \cdots, \theta_m) \in G_m \\ 0, & (\theta_1, \cdots, \theta_m) \notin G_m \end{cases} \tag{5.3}$$

其中，$G_m$ 为 $m$ 维欧氏空间中的点集，$V_m$ 为 $G_m$ 的勒贝格测度。为求得 $\theta_m$ 的 Bayes 估计，必须先求出 $\theta_1, \cdots, \theta_m$ 的验后联合概率密度以及关于 $\theta_m$ 的验后边缘概率密度。

设样本集 $X = \{X_{11}, X_{12}, X_{13}; X_{21}, X_{22}, X_{23}; \cdots; X_{m1}, X_{m2}, X_{m3}\}$，其中 $X_{i1}$ 表示时间段 $i$ 中不可恢复失效次数，$X_{i2}$ 表示时间段 $i$ 中可恢复失效次数，$X_{i3}$ 表示时间段 $i$ 中成功交互次数；设 $x_0$ 为样本集 $X$ 的一个观察，且 $x_0 = (\alpha(1), \beta(1), \gamma(1); \alpha(2), \beta(2), \gamma(2); \cdots; \alpha(m), \beta(m), \gamma(m))$；设 $f(\theta | x_0)$ 为随机变量 $\theta$ 的验后联合概率密度，$p(\theta_m | x_0)$ 为 $\theta_m$ 的验后边缘概率密度，$\hat{\theta}_m$ 为 $\theta_m$ 的 Bayes 估计。

根据 Bayes 公式及式 (5.3) 得到验后联合概率密度 $f(\theta | x_0)$ 如式 (5.4) 所示：

$$f(\theta \mid x_0) = \frac{P\{X = x_0 \mid \theta\}}{\int_{G_m} P\{X = x_0 \mid \theta\} \mathrm{d}\theta} \tag{5.4}$$

根据上述讨论内容可知，$P\{X = x_0 | \theta\}$ 为

$$P\{X = x_0 \mid \theta\} = \prod_{i=1}^{m} P\{X_{i1} = \alpha(i), X_{i2} = \beta(i), X_{i3} = \gamma(i), \mid \theta\}$$

$$= \prod_{t=1}^{m} \frac{(\alpha(i) + \beta(i) + \gamma(i))}{\alpha(i)! \cdot \beta(i)! \cdot \gamma(i)!} q_0^{\alpha(i)} (1 - q_0 - \theta_i)^{\beta(i)} \theta_i^{\gamma(i)} \tag{5.5}$$

将式 (5.5) 代入式 (5.4) 可得式 (5.6)：

$$f(\theta \mid x_0) = \frac{\prod\limits_{t=1}^{m} (1 - q_0 - \theta_i)^{\beta(i)} \theta_i^{\gamma(i)}}{\int_{G_m} \prod\limits_{t=1}^{m} (1 - q_0 - \theta_i)^{\beta(i)} \theta_i^{\gamma(i)} \mathrm{d}\theta}, \quad \theta \in G_m \tag{5.6}$$

为计算式 (5.6)，引入恒等式 (5.7)：

$$\int_0^y b(x \mid a, u, v) \mathrm{d}x = \int_0^y \frac{x^{u-1} (1 - a - x)^{v-1}}{B(u, v)} \mathrm{d}x$$

$$= \sum_{i=u}^{u+v-1} \binom{u+v-1}{i} y^i (1 - a - y)^{u+v-1-i} \tag{5.7}$$

其中，$u$ 和 $v$ 为正整数，$B(u,v)$ 为参数是 $u,v$ 的 Beta 函数，且满足 $0 \leqslant a < 1$。设 $n(i) = \beta(i) + \gamma(i)$，$i = 1, 2, \cdots, m$，可得式(5.8)：

$$\int_{G_m} \prod_{t=1}^{m} (1 - q_0 - \theta_i)^{\beta(i)} \theta_i^{\gamma(i)} \, \mathrm{d}\theta = \int_0^{1-q_0} \mathrm{d}\theta_m \int_0^{\theta_m} \mathrm{d}\theta_{m-1} \cdots \int_0^{\theta_3} \mathrm{d}\theta_2$$

$$\cdot \int_0^{\theta_2} \prod_{i=1}^{m} (1 - q_0 - \theta_i)^{\beta(i)} \theta_i^{\gamma(i)} \, \mathrm{d}\theta_1 \quad (5.8)$$

综上可得，$\theta = (\theta_1, \cdots, \theta_m)$ 的验后联合概率密度 $f(\theta | x_0)$ 为

$$\begin{cases} s_i = \gamma(i) + 1, \quad i = 1, 2, \cdots, m \\ g_i = \sum_{j=1}^{i} n(j) + i, \quad i = 1, 2, \cdots, m \\ h_0 = 0, \quad h_{i-1} = s_{i-1} + h_{i-2}, \quad i = 1, 2, \cdots, m \\ d_j = \left(\dfrac{g_j}{h_j}\right) B(s_j + h_{j-1}, g_j - s_j - h_{j-1} + 1), \quad j = 1, 2, \cdots, m-1 \\ W(h_1, h_2, \cdots, h_{m-1}) = \prod_{j=1}^{m-1} d_j \cdot B(s_m + h_{m-1}, g_m - s_m - h_{m-1} + 1) \\ f(\theta | x_0) = \dfrac{\prod_{t=1}^{m} (1 - q_0 - \theta_i)^{n(i)-\gamma(i)} \theta_i^{\gamma(i)}}{(1 - q_0)^{g_m} \sum_{h_1}^{g_1} \sum_{h_2}^{g_2} \cdots \sum_{h_{m-1}}^{g_{m-1}} W(h_1, h_2, \cdots, h_{m-1})}, \quad \theta \in G_m \end{cases} \quad (5.9)$$

则 $\theta_m$ 的验后边缘概率密度 $p(\theta_m | x_0)$ 为

$$p(\theta_m | x_0) = \int_0^{\theta_m} \mathrm{d}\theta_{m-1} \cdots \int_0^{\theta_3} \mathrm{d}\theta_2 \int_0^{\theta_2} f(\theta | x_0) \, \mathrm{d}\theta_1$$

$$= \frac{1}{(1 - q_0)^{g_m} \sum_{h_1}^{g_1} \sum_{h_2}^{g_2} \cdots \sum_{h_{m-1}}^{g_{m-1}} W(h_1, h_2, \cdots, h_{m-1})}$$

$$\cdot \int_0^{\theta_m} \mathrm{d}\theta_{m-1} \cdots \int_0^{\theta_3} \mathrm{d}\theta_2 \int_0^{\theta_2} \prod_{t=1}^{m} (1 - q_0 - \theta_i)^{n(i)-\gamma(i)} \theta_i^{\gamma(i)} \, \mathrm{d}\theta_1$$

$$= \frac{\sum_{h_1}^{g_1} \sum_{h_2}^{g_2} \cdots \sum_{h_{m-1}}^{g_{m-1}} W(h_1, h_2, \cdots, h_{m-1}) \cdot b(\theta_m | q_0, s_m + h_{m-1}, g_m - s_m - h_{m-1} + 1)}{(1 - q_0)^{g_m} \sum_{h_1}^{g_1} \sum_{h_2}^{g_2} \cdots \sum_{h_{m-1}}^{g_{m-1}} W(h_1, h_2, \cdots, h_{m-1})}$$

$$= \frac{\theta_m^{s_m + h_{m-1} - 1} (1 - q_0 - \theta_i)^{g_m - s_m - h_{m-1}}}{B(s_m + h_{m-1}, g_m - s_m - h_{m-1} - 1)} \quad (5.10)$$

取损失函数为二次损失函数，则 $\hat{\theta}_m$ 为 $\theta_m$ 的 Bayes 估计是 $\theta_m$ 关于样本 $X$ 的条件均值，即满足：

$$\theta_{\mathrm{dt}} = \hat{\theta}_m = E(\theta_m | x_0) = \int_0^{1-q_0} \theta_m p(\theta_m | x_0) \, \mathrm{d}\theta_m$$

$$
= \frac{(1-q_0) \sum\limits_{h_1}^{g_1} \sum\limits_{h_2}^{g_2} \cdots \sum\limits_{h_{m-1}}^{g_{m-1}} W(h_1, h_2, \cdots, h_{m-1}) \cdot \dfrac{s_m + h_{m-1}}{g_m + 1}}{\sum\limits_{h_1}^{g_1} \sum\limits_{h_2}^{g_2} \cdots \sum\limits_{h_{m-1}}^{g_{m-1}} W(h_1, h_2, \cdots, h_{m-1})} \tag{5.11}
$$

若不对不可恢复失效和可恢复失效进行区分,即把这两种失效都作为交互失败来处理,在这种情况下上面所得结果式(5.9)验后联合概率密度、式(5.10)验后边缘概率密度和式(5.11)Bayes 估计就与伯努利概率模型中的结果完全吻合。

由式(5.11)可以看出,直接信任关系的评估与节点间的交互次数有关。虽然通过式(5.11)可以得到节点间的直接信任度,然而当节点间没有交互或者交互较少时,较少的样本数将不足以评估节点间直接信任关系。

针对该问题,本节使用区间估计理论[141]对信任度的置信水平进行度量,设 $(\theta_{dt} - \delta, \theta_{dt} + \delta)$ 为直接信任度 $\theta_{dt}$ 的置信度为 $\gamma$ 的置信区间,$\delta$ 为可接受误差,则 $\theta_{dt}$ 的置信度 $\gamma$ 计算公式如下:

$$
\begin{aligned}
\gamma &= P(\theta_{dt} - \delta < \theta_{dt} < \theta_{dt} + \delta) \\
&= \frac{\Gamma\left(\sum\limits_{i=1}^{m} (\alpha(i) + \beta(i))\right) \Gamma\left(\sum\limits_{i=1}^{m} \gamma(i)\right)}{\Gamma\left(\sum\limits_{i=1}^{m} (\alpha(i) + \beta(i)) + \sum\limits_{i=1}^{m} \gamma(i)\right)} \\
&\quad \cdot \int_{\theta_{dt} - \delta}^{\theta_{dt} + \delta} \theta^{\sum\limits_{i=1}^{m} (\alpha(i) + \beta(i)) - 1} (1 - \theta)^{\sum\limits_{i=1}^{m} \gamma(i) - 1} \, \mathrm{d}\theta
\end{aligned} \tag{5.12}
$$

由于区间估计的置信度与精度相互制约,因此首先选定置信度阈值 $\gamma_0$,再增加交互样本数(即交互次数)$n$ 提高精度,直至达到可以进行评估的水平,即 $\gamma \geqslant \gamma_0$,最后按照此时的直接交互信息评估可信度。可见,这时样本容量 $n_0$、可接受误差 $\delta$ 和置信度阈值 $\gamma_0$ 之间的关系由式(5.13)给出:

$$
n_0 \geqslant -\frac{1}{2} \frac{1}{\delta^2} \ln\left(\frac{1 - \gamma_0}{2}\right) \tag{5.13}
$$

通过上述分析可知,根据节点间直接交互样本的置信度值,可以将直接信任关系评估作如下设定:① 当节点间不存在直接交互,或交互样本置信度值 $\gamma < \gamma_0$ 时,设定节点间的直接信任度 $\theta_{dt} = 1/2$;② 当交互样本置信度值 $\gamma \geqslant \gamma_0$ 时,节点间的直接信任度 $\theta_{dt}$ 按照式(5.11)计算。

## 5.2.3 推荐信任关系

推荐信任关系由两类或多类直接交互关系形成,由于推荐信任关系涉及多方实体的直接交互关系,因此对推荐信任关系的评估仍按照上文中所述方法,但需考虑多个直接交互信息。

设网络中节点 $i$ 和节点 $k$,节点 $j$ 和节点 $k$ 之间的交互独立,交互次数分别为 $n_1$、$n_2$,其中不可恢复失效次数分别为 $\alpha_1$、$\alpha_2$,可恢复失效分别为 $\beta_1$、$\beta_2$,交互成功次

数分别为 $\gamma_1$、$\gamma_2$。设第 $i$ 个时间段的不可恢复失效、可恢复失效和交互成功次数分别为 $\alpha_i^1$、$\beta_i^1$、$\gamma_i^1$ 和 $\alpha_i^2$、$\beta_i^2$、$\gamma_i^2$，因而考虑时间衰减因子 $\eta$ 后的第 $i$ 个时间段的不可恢复失效、可恢复失效和交互成功次数可以设为 $\alpha(i)^1$、$\beta(i)^1$、$\gamma(i)^1$ 和 $\alpha(i)^2$、$\beta(i)^2$、$\gamma(i)^2$。

设样本集的一个观察 $x_0' = (\alpha(1)^1 + \alpha(1)^2, \beta(1)^1 + \beta(1)^2, \gamma(1)^1 + \gamma(1)^2, \cdots, \alpha(m)^1 + \alpha(m)^2, \beta(m)^1 + \beta(m)^2, \gamma(m)^1 + \gamma(m)^2)$，取损失函数为二次损失函数，则 $\hat{\theta}_m'$ 为 $\theta_m'$ 的 Bayes 估计，为节点 $i$ 和节点 $j$ 之间的推荐信任度，即为上文所述的 $\theta_{rt}$，满足式(5.14)：

$$
\begin{cases}
s_i = \gamma(i)^1 + \gamma(i)^2 + 1, \quad i = 1, 2, \cdots, m \\[2mm]
g_i = \displaystyle\sum_{j=1}^{i} n(i)^1 + n(i)^2 + i \\[2mm]
h_0 = 0, \quad h_{i-1} = s_{i-1} + h_{i-2} \\[2mm]
d_j = \left(\dfrac{g_j}{h_j}\right) B(s_j + h_{j-1}, g_j - s_j - h_{j-1} + 1), \quad j = 1, 2, \cdots, m-1 \\[2mm]
W(h_1, h_2, \cdots, h_{m-1}) = \displaystyle\prod_{j=1}^{m-1} d_j \cdot B(s_m + h_{m-1}, g_m - s_m - h_{m-1} + 1) \quad (5.14) \\[2mm]
\theta_{rt} = \hat{\theta}_m' = E(\theta_m' \mid x_0') = \displaystyle\int_0^{1-q_0} \theta_m' p(\theta_m' \mid x_0') \, d\theta_m' \\[3mm]
\qquad = \dfrac{(1-q_0) \displaystyle\sum_{h_1}^{g_1} \sum_{h_2}^{g_2} \cdots \sum_{h_{m-1}}^{g_{m-1}} W(h_1, h_2, \cdots, h_{m-1}) \cdot \dfrac{s_m + h_{m-1}}{g_m + 1}}{\displaystyle\sum_{h_1}^{g_1} \sum_{h_2}^{g_2} \cdots \sum_{h_{m-1}}^{g_{m-1}} W(h_1, h_2, \cdots, h_{m-1})}
\end{cases}
$$

节点可以通过搜索整个网络中的其他节点和目标节点的交互历史获得推荐信任度。然而也存在以下问题：当推荐交互关系的样本数较少时，不足以使用式(5.14)对推荐信任关系进行评估；当推荐节点 $k$ 不止一个时，搜索过多的推荐交互会增加整个网络的通信开销。对于上述问题，本节通过推荐交互关系的样本置信度进行设定：当推荐交互样本置信度值 $\gamma < \gamma_0$ 时，设定推荐信任度 $\theta_{rt} = 1/2$，而当 $\gamma \geqslant \gamma_0$ 时，即可停止搜索推荐节点，并通过累计不可恢复失效、可恢复失效和成功交互数推广式(5.14)计算推荐信任度 $\theta_{rt}$。

## 5.3　基于 Gamma 分布动态商空间模型的动态级调度算法

根据上文中讨论考虑失效恢复机制的信任评估方法和相应的动态商空间模型，本节对传统的 DLS 算法进行扩展，使得基于有向无环图(DAG)的云资源调度算法更加全面合理。

DLS 算法是静态的启发式的表调度算法。DLS 算法主要适用于基于 DAG 的应用,当将该类应用分配到异构的云资源节点的集合上执行时,调度过程的每一步,DLS 算法都需要查找最高"动态级"的任务 $v_i$-资源 $m_j$ 对,并将任务 $v_i$ 调度到资源 $m_j$ 上执行执行。任务-资源($v_i - m_j$)对的动态级 $DL(v_i,m_j)$ 定义如式(5.15)所示:

$$DL(v_i,m_j) = SL(v_i) - \text{Max}\{t_{i,j}^A, t_j^M\} + \Delta(v_i,m_j) \tag{5.15}$$

其中,$SL(v_i)$ 为任务静态级,在一个调度期间内为常数,指 DAG 中从任务 $v_i$ 到终止节点的最大执行时间;$\text{Max}\{t_{i,j}^A, t_j^M\}$ 表示任务 $v_i$ 在资源 $m_j$ 上执行的时间,$t_{i,j}^A$ 表示任务 $v_i$ 调度到资源 $m_j$ 上所需输入数据可获得的时间,$t_j^M$ 表示资源 $m_j$ 空闲时可以用于执行任务 $v_i$ 的时间;$\Delta(v_i,m_j)$ 表示资源 $m_j$ 的相对计算性能,为任务 $v_i$ 在所有资源上的平均执行时间与其在资源 $m_j$ 上的执行时间之差。

当任务调度到目标节点上执行时,可信度反映目标节点提供服务的可靠程度,由于资源节点存在异构性,而 DLS 算法能够适应资源的异构性特征,然而 DLS 算法没有考虑到云资源节点的可信度对资源调度效果的影响。为解决该问题,文献[138-139]考虑节点间行为特性和历史交互信息,提出了可信动态级调度算法,并应用到网格服务和云服务中,其动态级定义如式(5.16)所示:

$$\text{TDL}(v_i,n_j) = \text{Trust}(v_i,n_j) * \left[ SL(v_i) - \text{Max}\{t_{i,j}^A, t_j^M\} + \Delta(v_i,n_j) \right]$$

$$\tag{5.16}$$

其中,$\text{Trust}(v_i,n_j)$ 表示云资源节点调度任务 $v_i$ 到云资源节点 $n_j$ 上时对 $n_j$ 可信度的评估。

然而,该算法并未考虑云环境下的失效恢复机制。在实际的云环境中,子任务的运行可能由于节点发生失效而被迫停止,当引入失效恢复机制后,在节点发生用户错误使用、CPU 资源临时衰竭、网络堵塞或是短期中断等可恢复故障时,资源节点自身自动运行失效恢复程序,将已停止的子任务恢复执行,能够有效解决较大任务遇到某一节点的暂时失效而终止的问题。因此,节点执行子任务的过程被分为执行过程和恢复过程两个部分。如图 5.2 所示,当子任务 $i$ 在节点 $k$ 上执行时,第 1 次失效发生在 $t_1$ 时刻,在 $t_2$ 时刻该失效被恢复;第 2 次失效发生在 $t_3$ 时刻而在 $t_4$ 时刻被恢复,以此类推直至该任务执行完成或者由于失效不可恢复而终止。

对于网络中的节点 $k$,失效恢复机制的相关参数如下:

(1) 失效恢复率 $x_k$。失效恢复具有一定的概率,为了描述失效的可恢复能力,定义随机变量 $X_k^{(j)}$:

$$X_k^{(j)} = \begin{cases} 0, & \text{节点 } k \text{ 上第 } j \text{ 个失效可恢复} \\ 1, & \text{节点 } k \text{ 上第 } j \text{ 个失效不可恢复} \end{cases} \tag{5.17}$$

假定节点 $k$ 的失效恢复率恒为 $x_k$,则对于任意第 $j$ 次恢复过程,都有 $P\{X_k^{(j)} = 0\} = x_k$,$P\{X_k^{(j)} = 1\} = 1 - x_k$。同时,失效恢复率 $x_k$ 越高,每一次失效恢复过程所需

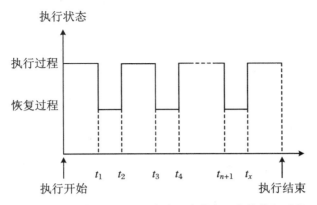

**图 5.2　失效恢复机制下子任务 $i$ 在节点 $k$ 上的执行过程**

的时间也越长,即较高的失效恢复率会提高系统的时间花费。

(2) 最大失效恢复次数 $N_k(N_k \geqslant 1)$。由于每一次失效、恢复都会给节点带来较大的服务开销,因此有必要限定节点的失效恢复次数,在以下三种情况下,节点 $k$ 上执行的任务将被终止:任务完成、发生不可恢复失效、超过最大失效恢复次数。

本节引入失效恢复机制,提出云环境下考虑失效恢复机制的动态级调度算法(FR-DLS),对于任务 $v_i$ 和云资源节点 $n_j$,其可信动态级 FR-DL$(v_i,m_j)$ 定义如式(5.18) 所示:

$$FR\text{-}DL(v_i,n_j) = T_S(v_i,n_j,X_k,N_k) * (SL(v_i) - \text{Max}\{t_{i,j}^A,t_j^M\} + \Delta(v_i,n_j))$$
$$(5.18)$$

其中,$T_S(v_i,n_j,x_k,N_k)$ 表示考虑失效恢复机制参数情况下,云资源节点 $n_s$ 调度任务 $v_i$ 到云资源节点 $n_j$ 上时对 $n_j$ 可信度的评估,即前文中讨论的合并信任度 $\theta$。

下面给出云计算环境下基于 Gamma 分布动态商空间模型的可信动态级调度算法 FR-DLS 的算法描述。

**算法 5.1**　云计算环境下基于 Gamma 分布动态商空间模型的可信动态级调度算法。

输入:给定任务图 DAG$=\{v_1,v_2,\cdots,v_n\}$,云资源节点$\{n_1,n_2,\cdots,n_m\}$以及节点间的历史交互记录。

输出:子任务资源分配序列 $A=\{(v_i,n_j)\}$。

```
FR-DLS()
{For eachnⱼ
    {
    Tdt＝Count Tdt(Cloud);   //计算直接信任度
    Trt＝Count Trt(Cloud);   //计算间接信任度
    T＝Count T(Tdt,Trt);   //计算每个云资源节点的合并信任度
    }
    FR-DL()＝Count FR-DL(T,DAG);   //计算每个子任务的可信动态级别
```

$L \leftarrow \{v_i \mid \mathrm{indegree}(v_i) = 0, 1 \leqslant i \leqslant n\};$ 　//DAG 图中,入度为 0 的子任务进入子任务准备
队列 $L$

$A \leftarrow \Phi;$ 　　$\varepsilon \leftarrow L;$ 　//子任务资源分配序列与执行队列初始化

Do until 　$\varepsilon = \Phi$

　　$\{$For each$v_i \in \varepsilon$

　　$\{$

　　$(v_i, n_j) \leftarrow \mathrm{select}(v_i) \wedge \max[\mathrm{FR\text{-}DL}(v_i, n_j)];$ 　//为任务 $v_i$ 匹配可信动态级别最
大的云资源 $n_j$

　　$A \leftarrow A + \{(v_i, n_j)\};$

　　$\varepsilon \leftarrow \varepsilon - \{v_i\};$

　　For each immediate successor $v_x$ of task $v_i$

　　　　$\{\mathrm{indegree}(v_x) = \mathrm{indegree}(v_x) - 1;$

　　　　　　If $\mathrm{indegree}(v_x) = 0$

　　　　　　　　$\varepsilon \leftarrow \varepsilon + \{v_x\};$

　　　　　　end if

　　　　$\}$

　　$\}$

　$\}$

$\}$

传统的 DLS 算法在作出调度决策时,将基于 DAG 的应用分配到一个异构的资源节点集合上。在调度的每一步,DLS 算法通过寻找具有最高"动态级"的任务 $v_i$-资源 $m_j$ 对,从而将任务 $v_i$ 调度到资源 $m_j$ 上执行,完成任务分配。

然而,DLS 算法并未考虑云环境下的失效恢复机制对任务调度效果的影响。本节提出的 FR-DLS 算法将交互失效划分为可恢复失效和不可恢复失效,构建了基于 Gamma 分布的动态商空间模型,并使用该模型将云任务 $v_i$ 调度到云资源资源节点 $n_j$ 上执行。

在 FR-DLS 算法中,算法首先通过计算每个云资源节点的直接信任度和间接信任度,对云资源节点的可信度进行度量;之后,将入度为零的子任务输入任务执行队列 $L$ 进行初始化,对于任务 $v_i$ 计算空闲资源集合中使其动态级最大的云资源节点 $n_j$,再将云任务 $v_i$ 与云资源节点 $n_j$ 进行匹配,最后将任务 $v_i$ 和云资源节点 $n_j$ 分别从任务执行队列 $L$ 与空闲资源集合中去除,得到任务与资源分配序列。

算法计算云资源节点的直接信任度、间接信任度与合并信任度需要循环 $n$ 次,内层基于贪心算法思想为任务 $v_i$ 选择资源节点,在空闲资源集合中选择资源 $n_j$,平均需要 $m/2$ 次,处理任务 $v_i$ 后续任务初始化需要 $O(1)$,因此云计算环境下基于 Gamma 分布动态商空间模型的可信动态级调度算法 FR-DLS() 的时间复杂度为 $O(nm)$。

# 5.4 仿真实验及结果分析

为验证提出的信任评估方法、相应的动态商空间模型和动态级调度算法,本节在 PlanetLab 环境中设计了基于云仿真软件 CloudSim 的实验平台。分布于全球的计算机群项目 PlanetLab 始于 2003 年,由普林斯顿大学、华盛顿大学、加州大学和 Intel 研究人员共同开发,其目标是提供一个用于开发下一代互联网技术的开放式全球性测试实验平台。云仿真软件 CloudSim 是一个通用、可扩展的新型仿真框架,它通过在离散事件模拟包 SimJava 上开发的函数库支持基于数据中心的虚拟化建模、仿真功能和云资源管理、云资源调度的模拟。同时 CloudSim 为用户提供了一系列可扩展的实体和方法,用户根据自身的要求调用适当的 API 实现自定义的调度算法。

本节所有的仿真试验中,每组实验分为 10 次,最终结果采用平均值。相关实验参数设置如下:在 PlanetLab 的网络模拟实验环境中,设定节点数和节点之间的链路数预先给定,链路间的数据传输速度介于 $[1, 10]$ Mb/s 之间;由于算法的性能与应用任务的大小和通信/计算比(communication to computation ratio ,CCR)有关,因此任务类型按照通信/计算比给出,$CCR > 1$ 表示该任务为通信密集型,而 $0 < CCR < 1$ 则表示该任务为计算密集型,同时设定用户任务在资源节点上的执行时间介于 $10 \sim 100$ s 之间;其他实验参数设置为:根据文献[138-139]讨论,信任关系调节因子 $\lambda$ 和时间影响衰减因子 $\eta$ 均设置为 0.8;式(4.30)和式(4.31)中 $\delta$ 和 $\gamma_0$ 的取值分别为 0.1 和 0.95;同时设置两类恶意节点,分别占节点总数的 20% 和 30%,它们在分配到任务时,分别以 80% 和 50% 的概率执行任务失败。

在下面的实验中,本节首先讨论失效恢复机制及其参数对信任评估的影响,随后在不同任务数和不同节点数的情况下,比较了 DLS 算法、Cloud-DLS 算法和本节提出的 FR-DLS 算法的性能。

## 5.4.1 失效恢复机制

为考察失效恢复机制的有效性,对于不同类型的用户任务($CCR$ 分别取 0.1、1、10),讨论失效恢复率 $x_k$,最大失效恢复次数 $N_k$ 对任务执行成功率和任务完成时间的影响。实验环境参数设置如下:云资源节点数为 200,链路数为 200,任务数为 50。

### 1. 失效恢复率 $x_k$

对于 CCR 值分别为 0.1、1 和 10 的不同类型任务,本实验首先讨论在不考虑最大失效恢复次数 $N_k$ 的情况下,失效恢复率 $x_k$ 对任务执行成功率的影响。实验结果如图 5.3 所示,当失效恢复率 $x_k=0$ 时,表示未使用失效恢复机制,任务执行成功率相对较低,随着失效恢复率 $x_k$ 的增加,三种类型任务的执行成功率都相应提高,而当失效恢复率 $x_k=1$ 时,任务执行成功率相对较高,充分体现了失效恢复机制的有效性。

值得注意的是,当失效恢复率 $x_k=1$ 时,任务执行成功率并未达到 $100\%$。这是由于在不设置最大失效恢复次数的情况下,虽然可恢复失效可以通过恢复程序的不断执行得以恢复,使得任务执行完成,但如通信链路故障、软件故障等不可恢复失效并不能够被失效恢复机制所恢复。

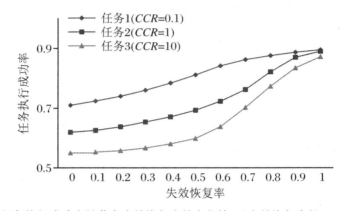

图 5.3    任务执行成功率随节点失效恢复率的变化情况(失效恢复次数 $N_k$ 不受限制)

接下来,本实验讨论在设置最大失效恢复次数 $N_k=3$ 时,失效恢复率 $x_k$ 对任务执行成功率的影响。实验结果如图 5.4 所示,由图可见,随着失效恢复率 $x_k$ 的增加,三种类型任务的执行成功率增长速率较不限制最大失效恢复次数时缓慢。此外,$CCR=10$ 时的任务执行成功率明显低于 $CCR=0.1$ 时,这是由于通信密集型任务有着较高的失效率,因此对于不同类型的任务,选取合适的失效恢复率十分重要。

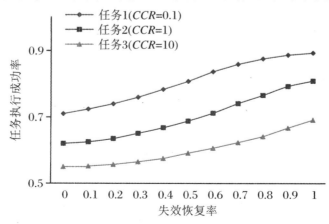

图 5.4    任务执行成功率随节点失效恢复率的变化情况(失效恢复次数 $N_k=3$)

失效、恢复过程会给节点带来较大的服务开销，而提高失效恢复率也会使恢复过程所需时间增加。为研究失效恢复率 $x_k$ 对任务完成时间的影响，在下面的实验中比较随着 $x_k$ 逐步增长，不同类型任务的完成时间，设置最大失效恢复次数 $N_k = 3$。

实验结果如图 5.5 所示，当 $0 < x_k < 0.6$ 时，任务完成时间的增长速率较缓，而当时 $x_k > 0.6$，任务完成时间的增长速率相对较快，当 $x_k = 1$ 时，三种类型任务的完成时间急剧增长。可见选择较高的失效恢复率在提高任务执行成功率的同时，也带来了较大的时间花费。

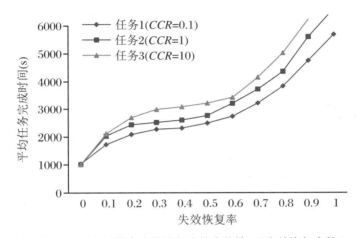

图 5.5　任务完成时间随节点失效恢复率的变化情况(失效恢复次数 $N_k = 3$)

### 2. 最大失效恢复次数 $N_k$

如前文所述，每一次失效、恢复都会给节点带来较大的服务开销，而在某些情况下，如图 5.3 所示，失效恢复过程被不断执行多次，直至任务完成。这对系统的可用性有较大影响，因此有必要限定节点的失效恢复次数。本实验对于 CCR 值分别为 0.1、1 和 10 的不同类型任务，考察最大失效恢复次数 $N_k$ 对任务执行成功率和任务完成时间的影响，在下面的实验中，失效恢复率 $x_k$ 设置为 0.6。

如图 5.6 所示，随着最大失效恢复次数 $N_k$ 的增加，三种类型任务的执行成功率都有不同程度的提高。当 $N_k \leqslant 4$ 时，执行成功率增长的较快，而当 $5 \leqslant N_k \leqslant 10$ 时，执行成功率增长较缓，这说明大部分可恢复失效可以在最多执行 4 次失效恢复过程后恢复。

图 5.7 所示为随着最大失效恢复次数 $N_k$ 的增加，CCR 值分别为 0.1、1 和 10 的不同类型任务的任务完成时间。由图可见，随着最大失效恢复次数 $N_k$ 的增加，三种类型任务的完成时间都有不同程度的提高。当 $N_k \leqslant 5$ 时，任务完成时间的增长速率较快，而当 $N_k$ 趋向于 10 时，任务完成时间的增长趋向平缓。该实验从另一方面证实了大部分可恢复失效可以在执行 4~5 次失效恢复过程后被恢复。

由上述实验结果可见，失效恢复机制可以显著地提高任务执行成功率，充分体

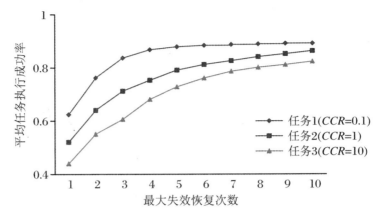

**图 5.6　任务执行成功率随最大失效恢复次数 $N_k$ 的变化情况（失效恢复率 $x_k=0.6$）**

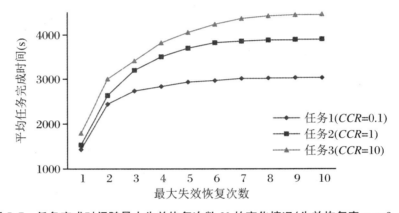

**图 5.7　任务完成时间随最大失效恢复次数 $N_k$ 的变化情况（失效恢复率 $x_k=0.6$）**

现了失效恢复机制的有效性。与此同时，失效恢复机制也给系统带来了一定的服务开销和时间花费，因此对于不同类型任务，应当按照需要选择合适的失效恢复率和最大失效恢复次数。

## 5.4.2　不同任务数情况下的比较

本实验在网络中具有不同任务数的情况下，比较 FR-DLS 算法、Cloud-DLS 算法和传统的 DLS 算法在任务执行成功率、调度长度和任务完成时间方面的性能。实验环境参数设置如下：设定 $CCR=1$，云资源节点数为 200，链路数为 200，并随机产生拥有 10 至 100 个子任务的任务图。$X_k$ 和 $N_k$ 分别设置为 0.6 和 3。

实验结果如图 5.8、图 5.9 和图 5.10 所示，由图可见随着任务数的增加，三种算法的任务执行成功率都略有降低，而调度长度和任务完成时间则有不同程度的提高。其中 FR-DLS 算法的调度长度和任务完成时间略高于 Cloud-DLS 算法和 DLS 算法，而由图 5.9 可以看出，FR-DLS 算法的执行成功率远高于 Cloud-DLS 算法和 DLS 算法。说明了失效恢复机制在较小的服务开销和时间花费下可以有效地提高任务执行成功率。

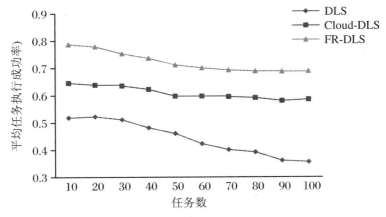

**图 5.8**　不同任务数下 DLS、Cloud-DLS 和 FR-DLS 的任务执行成功率比较

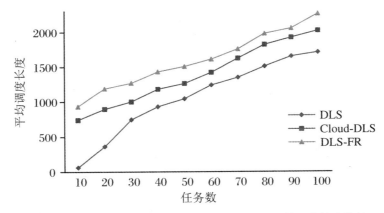

**图 5.9**　不同任务数下 DLS、Cloud-DLS 和 FR-DLS 的调度长度比较

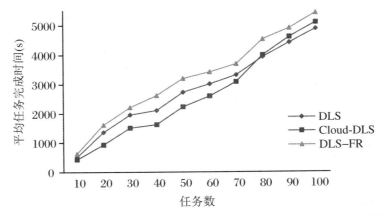

**图 5.10**　不同任务数下 DLS、Cloud-DLS 和 FR-DLS 的任务完成时间比较

### 5.4.3 不同节点数情况下的比较

本实验在网络中具有不同节点数的情况下,比较 FR-DLS 算法、Cloud-DLS 算法和传统的 DLS 算法在任务执行成功率、调度长度和任务完成时间方面的性能。实验环境参数设置如下:设定 $CCR=1$,链路数为 200,任务数为 100,并随机产生 100~1000 个节点。$X_k$ 和 $N_k$ 分别设置为 0.6 和 3。

实验结果如图 5.11 所示,由图可见,在不同节点数的情况下,可以得到类似的结论,即在牺牲一定完成时间和调度长度的代价下,失效恢复机制可以显著地提高任务执行成功率,体现了该机制的有效性。

通过在不同任务数和不同节点数情况下,FR-DLS、Cloud-DLS 和 DLS 在调度长度、任务执行时间和任务执行成功率方面性能的实验分析,表 5.1 显示了 $CCR=1$ 时 FR-DLS 算法相对于 Cloud-DLS 和 DLS 在算法性能上的增加。

**表 5.1　不同任务数和不同节点数下,FR-DLS 相对 Cloud-DLS 和 DLS 在调度长度、任务执行时间和任务执行成功率方面的增加情况**

| 类型 | 相对 Cloud-DLS | | | 相对 DLS | | |
| --- | --- | --- | --- | --- | --- | --- |
| | 调度长度 | 任务执行时间 | 任务执行成功率 | 调度长度 | 任务执行时间 | 任务执行成功率 |
| 不同任务数 | 15.127% | 23.511% | 18.572% | 23.511% | 14.231% | 63.137% |
| 不同节点数 | 10.683% | 5.916% | 14.986% | 58.646% | 5.088% | 61.167% |

通过表 5.1 可以看出,任务调度在调度长度、执行时间和执行成功率方面存在权衡,无法达到多方面服务质量的同时提高,而是以某一部分服务质量为代价换取另一部分更高的服务需求;本节提出 FR-DLS 算法的性能与云计算环境下的节点数、任务数和任务类型($CCR$ 值)有关。其中,随着云环境中节点数增加,FR-DLS 算法在执行成功率方面增加的性能是时间花费代价的几倍,显示了本节提出算法在云计算环境下对于大规模任务的实用性。

## 本 章 小 结

云资源调度问题属于典型的具有复杂拓扑结构的动态问题,本章深入研究了云计算环境下的资源调度问题,将节点失效可恢复的情况引入到云服务可靠性分析中,在此基础上将原有的以二项事件(成功/失败)描述节点间交互结果的动态模型扩展为以三项事件(成功/可恢复失效/不可恢复失效)描述交互结果的动态商空间模型,并提出了相应的动态级调度算法,有效地提高云服务的可靠性。同时,该算法允许资源所有者自行调节资源失效恢复次数限制和失效恢复率,从而增加了失效恢复机制的灵活性。

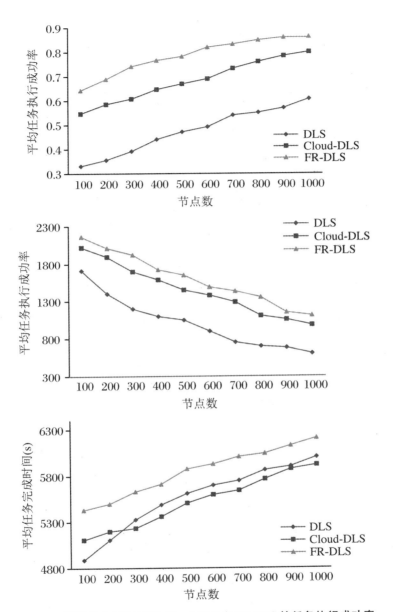

**图 5.11　不同节点数下 DLS、Cloud-DLS 和 FR-DLS 的任务执行成功率、**
**　　　　调度长度和完成时间比较**

# 第 6 章　基于可靠性感知的动态商空间模型及其应用

## 6.1　引　　言

云计算以网络化的方式聚合计算与通信资源,同时使用虚拟化技术将大量成本较低、计算能力较弱且广域分布的异构资源整合为一个具有强大计算能力的共享资源池,统一进行管理,而资源调度策略则是实现计算资源有效配置,提高云系统性能的重要技术手段。针对不同的计算任务和优化目标,云资源调度算法大致可以划分为以下几类:① 考虑资源负载均衡、提高资源利用率;② 满足任务执行时间、能耗费用、用户 QoS 等约束条件;③ 基于资源需求预测的虚拟机资源按需动态分配策略;④ 多目标优化算法。

然而,云计算系统是由成千上万云资源节点构成的一个大规模复杂系统,由于物理机内部元件故障、链路故障以及系统过载等因素,通常难以保证每个计算节点都能够无故障地连续工作,失效问题在云系统运行过程中往往难以避免[10]。因此,如何获取可靠的云资源,并将云任务分配到值得信任的资源节点上执行就显得非常重要。近年来,为了缓解云计算环境下资源节点失效带来的影响,降低应用层可感知的失效时间,云服务的可靠性保障策略研究得到了国内外学术界和产业界的广泛关注。其中,失效容忍策略和失效避免策略是当前存在的两类主要可靠性保障策略。

失效容忍策略的主要思想是:对于已失效的资源节点,采取开销较小的快速恢复措施降低失效带来的负面影响,通过对失效可恢复情况下组合服务性能的量化,研究不同的失效类型和对应的恢复策略对云服务性能的影响。针对失效恢复机制占用较多网络资源的问题,采用虚拟机冗余放置和任务重调度策略,以降低实际失效恢复时间,或通过对云系统运行状态的预测和分析,动态调整失效恢复参数,以降低云系统恢复开销。

失效避免策略的主要思想是避开物理机以及放置于其上的虚拟机的易失效时段进行调度。针对开放网络环境中的信息安全问题,定义主体信任的形式化表示和推导规则,构造基于信任评价机制的主观信任管理模型,借鉴社会学中的人际关系网络,以人际关系信任模型为基础,通过分析节点间的历史交互数据,利用 Bayes 方法对节点的可信度进行评估,提出基于直接信任度、推荐信任度和第三方服务性能反馈的可信度量模型,从而能够选择可信动态级最大的计算资源执行云任务。湖南大学邓晓恒等学者通过构建基于身份可信、能力可信、行为可信的综合信任模型,提出了一种进行可信优化的云资源调度算法,从资源失效率研究出发,通过对大量云系统失效日志进行统计分析,发现云资源失效时间间隔服从固定参数的 weibull 分布,从而对资源节点进行分类,提出了基于稳定资源池和易失效资源池的云资源动态提供策略,以屏蔽大量的失效资源节点。Tang[21]在此基础上对通信网络上的链路失效规律进行研究,构建了基于任务执行行为的可靠性调度模型。

　　综上所述,失效容忍策略仅通过失效恢复机制提高云系统的任务执行可靠性,并未考虑云资源节点、通信链路等备选资源的失效避免问题,因此大量失效资源的恢复过程牺牲了较多的系统整体资源使用效率。与此同时,由于云资源节点、通信链路的失效并非小概率事件,失效避免策略并不能完全避免失效事件的发生,失效资源的快速恢复在保障云服务可靠性研究中的作用同样不可或缺。因此,有必要将失效容忍策略和失效避免策略相结合,在构建信任评估模型来满足云任务对服务资源的可信需求的同时,引入失效恢复机制。然而,失效恢复机制的引入势必引起云资源节点失效规律的动态变化,设定云资源失效规律服从固定参数的 weibull 分布,其形状参数和尺度参数不随时间发生变化,且都将失效恢复开销设为常数值,并未讨论失效恢复机制开销及其参数设置对云资源节点和通信链路失效规律的影响。

　　针对上述文献在云计算环境下资源调度中存在的问题,本章首先对失效恢复机制下云资源节点和通信链路失效规律的局部特征进行描述,构建了基于变参数失效规则的资源可靠性评估模型,然后将该模型应用于云计算环境下资源调度方案的适应度计算中,最后提出了基于可靠性感知的自适应惯性权重粒子群资源调度算法(reliability aware adaptive inertia weight based particle swarm optimization, R-PSO),实验表明,该算法在大幅提高云服务可靠性的同时,只增加少量的额外失效恢复开销。

## 6.2　问　题　建　模

　　云资源调度问题可描述为云计算环境下用户任务需求与云资源供给的最优匹配问题,由云环境下 $n$ 个虚拟机资源与 $m$ 个用户任务组成。考虑云任务之间可能具有数据先后依赖关系或优先约束,且云资源节点之间的连接方式复杂多样,本章采用有向无环图(directed acyclic graph, DAG)描述云计算环境下具有相互依赖关

系和数据交换的并行任务,采用胖树型结构描述云资源节点的系统构成,分别定义如下:

**定义 6.1(并行任务 DAG 模型)**    考虑云任务之间的优先约束关系,本章将云计算环境下的并行任务描述为一个 DAG 图,可用四元组表示,即 DAG$=(T,E,W,T_p)$。其中 $T=\{t_1,t_2,\cdots,t_m\}$,表示 $m$ 个云任务的集合;$E=\{e_{ij}\,|\,t_i,t_j\in T\}\subseteq T\times T$,表示云任务之间的相互依赖关系,即任务 $t_i$ 为任务 $t_j$ 的前驱,当所有前驱任务执行完成后,任务 $t_j$ 才能执行;$W=\{w_1,w_2,\cdots,w_m\}$,表示云任务的计算量集合;$T_p=\{t_i\,|\,\mathrm{indegree}(t_i)=0,1\leqslant i\leqslant m\}$,表示当前可并行任务,即入度为 0 的云任务集合,同时设定云任务 DAG 图的入口节点和出口节点都为 1 个。

如图 6.1 所示为一个包含 9 个子任务的并行任务 DAG 图,其中圆圈内数字表示该任务的计算量,有向边旁边的数字表示任务之间的通信量。由于 DAG 图中存在执行顺序的依赖关系,当前驱任务 $t_1$ 执行完成之后,其后续任务 $t_2$、$t_3$、$t_4$、$t_6$ 才能开始执行,$\{t_2,t_3,t_4,t_6\}$ 即为当前可并行任务。

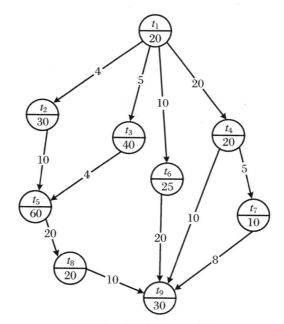

图 6.1    并行任务 DAG 图

**定义 6.2(胖树型云系统)**    考虑云计算环境下资源节点之间的相互连接方式多种多样,本章使用胖树型拓扑结构对云数据中心网络进行描述,可用四元组表示,即 Cloud$=(V,C,B,H)$,其中 $V=\{v_1,v_2,\cdots,v_n\}$,表示云环境下 $n$ 个虚拟机资源节点的集合;$C=\{c_{ij}\,|\,v_i,v_j\in V\}\subseteq V\times V$,表示虚拟机资源节点之间的通信链路集合;$B=\{b_{ij}\,|\,v_i,v_j\in V,c_{ij}\in C\}$,表示通信链路 $c_{ij}=(v_i,v_j)$ 的平均带宽;$H=\{h_{ij}\,|\,v_i,v_j\in V,c_{ij}\in C\}$,表示通信链路 $c_{ij}$ 的历史交互数据。

如图 6.2 所示的三层胖树型结构,由上而下分别为核心层、汇聚层和接入层,物理机通过接入层路由器接入网络、共享资源,而核心层路由器则是数据中心对外交换数据的必经桥梁,需要传递来自更多物理机的大量数据,其带宽决定了能够通过该数据中心的最大任务数。

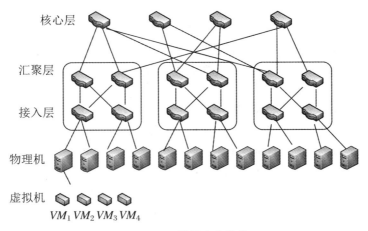

**图 6.2　云数据中心结构**

在云系统中,根据云资源失效的可恢复性,本章将云系统失效划分为可恢复失效和不可恢复失效,其中可恢复失效(如物理元件失效)能够通过执行失效恢复程序恢复已中止云任务的执行,而不可恢复失效(如通信链路失效、软件故障)则无法通过执行失效恢复程序进行恢复。

失效恢复过程如图 6.3 所示,对于可恢复失效,云任务的执行过程分为任务执行和失效恢复两个阶段。当云任务 $i$ 在资源节点 $k$ 上执行时,设第 1 次失效时间为 $t_1$,恢复时间为 $t_2$,而第 2 次失效时间为 $t_3$,恢复时间为 $t_4$,直至经过 $n$ 次失效之后,云任务执行完成或由于发生不可恢复失效而中止。

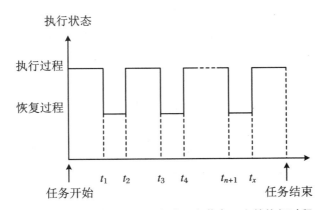

**图 6.3　失效恢复机制下子任务 $i$ 在节点 $k$ 上的执行过程**

为了描述云系统的失效恢复能力,定义随机变量 $X_k^{(j)}$ 如下:

$$X_k^{(j)} = \begin{cases} 0, & \text{节点 } k \text{ 上第 } j \text{ 个失效可恢复} \\ 1, & \text{节点 } k \text{ 上第 } j \text{ 个失效不可恢复} \end{cases}$$

**定义 6.3(失效恢复率 $x_k$)**   定义失效恢复率 $x_k$ 为云任务在云资源节点 $k$ 上第 $j$ 个失效可以通过执行失效恢复程序进行恢复的概率,因此有 $P\{X_k^{(j)}=0\}=x_k$,$P\{X_k^{(j)}=1\}=1-x_k$。

**定义 6.4(执行时间限制 $T_{ik}$)**   由于云任务 $t_i$ 在虚拟机资源 $v_k$ 上的执行时间为定值,为限制任务的失效恢复时间,当任务 $t_i$ 在资源节点 $v_k$ 上的执行时间超过 $T_{ik}$ 时,认为任务 $t_i$ 执行失败。

**定义 6.5(最大失效恢复次数 $N_k$)**   定义最大失效恢复次数 $N_k$ 为云任务在云资源节点 $k$ 上的执行过程中发生的最大可恢复失效个数,即当云资源节点 $k$ 上的可恢复失效次数满足 $n>N_k$ 时,不再执行失效恢复程序。

为了更好研究失效恢复机制下云服务的可靠性建模问题,本章对云任务的执行过程做出以下假设:

(1)云资源节点被调用后立即响应云任务,并开始执行,且资源节点失效、通信链路失效相互独立;

(2)云任务在执行过程中会发生失效,失效事件遵循 weibull 分布;

(3)云资源失效恢复过程与云任务执行过程相互独立;

(4)可恢复失效通过失效恢复程序进行恢复,其失效恢复时间服从指数分布,且各恢复过程相互独立;

(5)云任务最大失效恢复次数 $N_k$ 可由资源提供商自行设定,当失效恢复次数大于 $N_k$,则云任务执行失败。

**定义 6.6(基于图的云资源调度模型)**   基于图的云资源调度模型可抽象为图 $G=(V_s, E_s, U, C_s)$,其中 $V_s$ 表示节点集,包括云任务节点、虚拟机资源节点、物理机资源节点、非调度节点(表示任务等待)、聚合器以及汇接点等;$E_s$ 为边集,表示云任务与相应云资源之间的映射关系,用于描述云任务的执行过程、等待过程以及云任务的放置约束、优先级约束等;$U$ 为边上容量,表示资源的供给能力,即链路带宽的消耗;$C_s$ 为费用,表示云任务调度或等待时的系统开销。

图 6.4 为基于图的云资源调度模型实例,图中左侧为并行任务集合 $T_p$,右侧为物理机资源集合 $R$ 与虚拟机资源集合 $V_s$,路由器层由核心层路由器、汇聚层路由器和接入层路由器组成。边 $T{\rightarrow}V$ 表示已将任务 $T$ 调度到虚拟机资源 $V$ 上执行,边 $T{\rightarrow}\text{Wait}$ 表示任务 $T$ 等待,边 $T{\rightarrow}R$ 表示任务 $T$ 在物理机资源 $R$ 上具有放置约束。

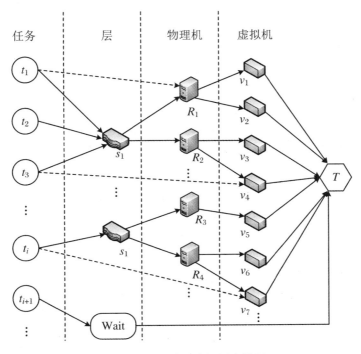

图 6.4　基于图的云资源调度模型

## 6.3　基于变参数失效规则的资源可靠性建模

将云任务 $t_i \in T$ 调度到目标虚拟机 $v_{dst}$ 上，且成功执行的条件是：① 云任务所依赖数据的成功传输，即将云任务 $t_j$ 所需数据从源虚拟机 $v_{src}$ 成功传输到目标虚拟机 $v_{dst}$ 上，需要保障资源节点之间通信链路的可靠性；② 云任务的成功执行，即云任务 $t_j$ 在目标虚拟机 $v_{dst}$ 上能够成功完成（当发生可恢复失效时，可由失效恢复程序在给定最大失效恢复次数内和执行时间限制 $T_{\vec{k}}$ 下进行恢复），需要保障云虚拟机资源 $v_{dst}$ 执行任务的可靠性。由于云任务的执行可靠性依赖于云虚拟机资源的执行可靠度 $R_{Node}$ 和数据在资源节点中的传输可靠度 $R_{Link}$，而任务执行所需数据可能存放于该任务的多个前趋任务所依赖的资源节点上。因此，设云任务 $t_j$ 的前趋任务集合为 $\{t_i \mid t_i \in pred(t_j)\}$，则 $t_j$ 在目标虚拟机 $v_{dst}$ 上的执行可靠性 $R[t_j, v_{dst}]$ 可定义为

$$R[t_j, v_{dst}] = \Big\{ \prod_{t_i \in pred(t_j)} R_{Link_{(v_{src}, v_{dst})}} \Big\} \times R_{Node_{v_{dst}}} \tag{6.1}$$

以下首先分别对失效恢复机制下的云资源节点的失效规律和通信链路失效规

律进行分析,根据并行任务之间存在的各类交互关系,构建基于变参数失效规则的资源可靠性评估模型。

## 6.3.1 失效恢复机制下云资源节点的失效规律及可靠性建模

通过研究发现,由大规模集成电路构成的计算资源和通信资源,其失效率都服从两参数(形状参数、尺度参数)weibull分布。由于失效机理不变,weibull分布形状参数基本保持不变,可通过云资源节点本地服务器根据日志文件、系统配置数据,使用统计分析方法进行求解[21]。然而,云资源节点失效一般可分为可恢复失效和不可恢复失效两类,其中可恢复失效能够以一定概率通过失效恢复程序进行恢复,因此在失效恢复机制下,云资源节点的失效规律weibull分布参数并非定值,而是随着时间和环境(如设置不同的失效恢复参数)的变化而改变。本章采用时间分段的概念,其中时间段的选取应既能准确反映资源失效规律的变化,又能进行高效计算。本章通过对云系统失效日志的分析[22],选取6000 s的执行数据为一个时间段,且认为在一个时间段内weibull分布的形状参数不变。

weibull分布参数的具体计算方法为:首先对不同时间阶段weibull分布的形状参数进行极大似然估计,在形状参数已知的条件下,将weibull分布转化为指数分布,由于Gamma分布为指数分布的共轭先验分布,使用Gamma分布作为验前分布对尺度参数进行Bayes估计,最后利用其后验分布计算下一时间阶段云资源节点的可靠性。

### 1. 失效规律 weibull 分布形状参数估计

已知两参数 weibull 分布的概率密度函数 $f(t)$ 如式(6.2)所示:

$$f(t) = \frac{\beta}{\eta} \left(\frac{t}{\eta}\right)^{\beta-1} \mathrm{e}^{\left[-\left(\frac{t}{\eta}\right)^{\beta}\right]} \tag{6.2}$$

其中,$\eta$ 为尺度参数,$\beta$ 为形状参数,$t$ 为时间,其累积概率分布函数 $F(t)$ 为时间 $t_s$ 上对概率密度函数的积分如式(6.3)所示:

$$F(t) = \int_0^{t_s} \frac{\beta}{\eta} \left(\frac{t}{\eta}\right)^{\beta-1} \mathrm{e}^{\left[-\left(\frac{t}{\eta}\right)^{\beta}\right]} \mathrm{d}t \tag{6.3}$$

设云资源节点在运行时间内失效次数为 $n$,其失效时间间隔分别为 $t_1, t_2, \cdots t_n$,将 $\{t_i, i \in (1, 2, \cdots, n)\}$ 代入式(6.2)取对数求和,可得极大似然函数如式(6.4)所示:

$$L(\beta, \eta) = n\ln\beta - \beta n\ln\eta + (\beta-1)\sum_{i=1}^{n} \ln t_i - \frac{1}{\eta^{\beta}} \sum_{i=1}^{n} \ln t_i^{\beta} \tag{6.4}$$

分别对参数 $\eta, \beta$ 求偏导,得到极大似然估计方程如式(6.5)所示:

$$\begin{cases} \dfrac{1}{\hat{\beta}} + \dfrac{1}{n}\sum_{i=1}^{n}\ln t_i - \dfrac{\sum\limits_{i=1}^{n}\ln t_i^{\hat{\beta}}\ln t_i}{\sum\limits_{i=1}^{n}\ln t_i^{\hat{\beta}}} = 0 \\[4mm] \hat{\eta}^{\hat{\beta}} = \dfrac{1}{n}\Big(\sum_{i=1}^{n}\ln t_i^{\hat{\beta}}\Big) \end{cases} \tag{6.5}$$

式中,$\hat{\beta}$ 即为形状参数 $\beta$ 的极大似然估计。

### 2. 失效规律 *weibull* 分布尺度参数的 Bayes 估计

Bayes 方法的基本原理是使用样本信息对验前信息进行修正,使得最终的评估结果更为准确。当样本信息服从 weibull 分布时,设 $x = t^{\beta}$,由式(6.3)可得式(6.6)

$$F(t) = \frac{1}{\eta^{\beta}}\int_0^{t_s^{\beta}} \mathrm{e}^{\left(-\frac{x}{\eta^{\beta}}\right)} \mathrm{d}x \tag{6.6}$$

在形状参数 $\beta$ 为定值时,设 $\eta^{\beta} = \theta, X = t_s^{\beta}$ 则可得式(6.7):

$$F(X) = \frac{1}{\theta}\int_0^X \mathrm{e}^{\left(-\frac{x}{\theta}\right)} \mathrm{d}x \tag{6.7}$$

设该分布是参数为 $1/\theta$ 的指数分布,其概率密度函数为

$$f(x) = \frac{1}{\theta} \mathrm{e}^{\left(-\frac{x}{\theta}\right)} \tag{6.8}$$

由式(6.8)可见,$x$ 为关于 $t$ 和 $\beta$ 的随机变量,$1/\theta$ 为指数分布的参数,由共轭分布法,选取 Gamma 分布作为验前信息的分布形式,则参数 $\theta$ 与尺度参数 $\eta$ 相关。因此,对 $\theta$ 进行 Bayes 点估计,即为对尺度参数 $\eta$ 的点估计。当 $1/\theta$ 服从 Gamma 分布时,将 $1/\theta$ 作为参数的概率密度函数为

$$f\left(\frac{1}{\theta}\right) = \begin{cases} \dfrac{\left(\dfrac{1}{\theta}\right)^{a-1}}{\Gamma(a)\,b^a} \mathrm{e}^{\left(-\frac{1}{\theta b}\right)}, & \dfrac{1}{\theta} > 0 \\[3mm] 0 \end{cases} \tag{6.9}$$

式中,$a$、$b$ 均为 Gamma 分布参数,当选择平方损失函数时,$\theta$ 的均值即为其 Bayes 点估计如式(6.10)所示:

$$\begin{cases} \hat{\theta} = \dfrac{\hat{b} + X_s}{\hat{a} + n - 1} \\[3mm] X_s = \sum_{i=1}^{n} x_i \end{cases} \tag{6.10}$$

由 Gamma 分布的先验矩估计法,可知超参数 $a$、$b$ 的矩估计值为

$$\hat{a} = \frac{E^2\left(\dfrac{1}{\theta}\right)}{D\left(\dfrac{1}{\theta}\right)}, \quad \hat{b} = \frac{E\left(\dfrac{1}{\theta}\right)}{D\left(\dfrac{1}{\theta}\right)} \tag{6.11}$$

由于 $\eta^\beta = \theta$,可得 weibull 分布尺度参数的点估计值 $\hat{\eta}$ 为

$$\hat{\eta} = \hat{\theta}^{\frac{1}{\beta}} \tag{6.12}$$

将 weibull 分布形状参数和尺度参数的估计值代入式(6.2),求得不同时间阶段云资源节点可靠度 $R_{\text{Node}}$ 为

$$R_{\text{Node}} = R_N(t) = \mathrm{e}^{-\left(\frac{t}{\eta}\right)^{\hat{\beta}}} \tag{6.13}$$

### 6.3.2 通信链路的失效规律及可靠性建模

如前文所述,将云任务调度到目标虚拟机上执行,除应保障云资源节点执行任务的可靠性之外,还需保障云资源节点之间通信链路的可靠性。在图 6.2 所示的云数据中心中,设虚拟机资源 $v_{\text{src}}$ 和 $v_{\text{dst}}$ 之间存在通信链路 $c_{(\text{src,dst})}$,则数据在通信链路 $c_{(\text{src,dst})}$ 中的传输时间 $T_{(\text{src,dst})}$ 为

$$T_{(\text{src,dst})} = \frac{Data_{(\text{src,dst})}}{V_{(\text{src,dst})}} \tag{6.14}$$

其中,$V_{(\text{src,dst})}$ 为通信链路 $c_{(\text{src,dst})}$ 的平均传输速度,$Data_{(\text{src,dst})}$ 为资源节点之间需传输的数据量,$T_{(\text{src,dst})}$ 为数据在通信链路 $c_{(\text{src,dst})}$ 中所需的传输时间。

由于通信链路失效一般为不可恢复失效,其失效率不受失效恢复机制影响,因而通信链路失效规律 weibull 分布的形状参数和尺度参数可按照式(6.5)求解其极大似然估计,设两参数的极大似然估计值分别为 $\hat{\beta}_c$ 和 $\hat{\eta}_c$,则通信链路可靠度 $R_{\text{Link}}$ 为

$$R_{\text{Link}} = R_L(t) = \mathrm{e}^{-\left(\frac{Data_{(\text{src,dst})}}{V_{(\text{src,dst})}\hat{\eta}_c}\right)^{\hat{\beta}_c}} \tag{6.15}$$

# 6.4 并行任务的各类调度目标及图的构造

本节首先对可靠性需求、服务质量需求以及放置约束等调度目标进行建模描述,再将其转化为图的容量和费用赋值等最小费用最大流图的构造问题。

## 6.4.1 可靠性需求

将云任务 $t_i \in T$ 调度到虚拟机资源 $v_{\text{dst}}$ 上,且成功执行的条件是:① 任务 $t_j$ 所依赖的数据成功传输到虚拟机 $v_{\text{dst}}$ 上,即将任务 $t_j$ 所需数据从源虚拟机资源 $v_{\text{src}}$ 成功传输到目标虚拟机资源 $v_{\text{dst}}$ 上,需要保障通信链路的可靠性;② 任务 $t_j$ 在虚拟机 $v_{\text{dst}}$ 上执行时不能发生失效,即保障虚拟机执行任务的可靠性。因此本章构建云系统可靠性度量模型,将云系统可靠性 $\Phi$ 划分为云资源节点可信度 $\Phi_{\text{Node}}$ 和通信链路可信度 $\Phi_{\text{Path}}$,按照式(6.16)进行综合,其中 $f(.)$ 为可信度综合函数,满足凸函数的性质,由云任务对两类云系统资源的可靠性需求程度决定。

$$\Phi = f(\Phi_{\text{Node}}, \Phi_{\text{Path}}) \tag{6.16}$$

**1. 云资源节点可信度度量**

假设云资源节点执行任务只存在成功和失效两种状态。已有研究[23,30-31]通过对云计算系统失效日志进行统计分析发现,云资源节点失效表现出很强的时间、空间分布规律。

时间分布规律可表述为:如将物理机失效的间隔时间视为随机过程,则该过程服从形状参数 $k<1$,尺度参数 $\lambda>0$ 的 Weibull 分布。当云资源节点刚启动时,其可靠性较低,随着运行时间的逐步增加,可靠性也相应提高,而当执行时间超过某阈值后,该资源节点可靠性则越来越低,直至发生不可恢复失效。

设 Weibull 分布形状参数为 $k$,尺度参数为 $\lambda$,则其概率密度函数和累积分布函数分别如式(6.17)和式(6.18)所示。

$$pdf(x) = \frac{k}{\lambda} \left(\frac{x}{\lambda}\right)^{k-1} e^{-(x/\lambda)^k} \tag{6.17}$$

$$cdf(x) = 1 - e^{-(x/\lambda)^k} \tag{6.18}$$

失效率函数表示当前未发生失效,而未来即将发生失效的概率。由式(6.17)和式(6.18)可得云系统中资源节点的 Weibull 分布失效率函数 $h(x)$,如式(6.19)所示:

$$h(x) = \frac{pdf(x)}{1 - cdf(x)} = \frac{k}{\lambda} \left(\frac{x}{\lambda}\right)^{k-1} \tag{6.19}$$

失效概率越大则机器发生失效的可能性越高,因此定义云资源节点执行任务的可信度 $\Phi_{\text{Node}}$ 如式(6.20)所示:

$$\varphi_{\text{Node}} = 1 - h(x) = 1 - \frac{k}{\lambda} \left(\frac{x}{\lambda}\right)^{k-1} \tag{6.20}$$

空间分布规律可表述为:物理机失效事件具有空间上的规律性,即大部分失效发生在少部分物理机上,而刚失效的资源节点由于比较脆弱,较易于再次发生失效。因此,针对物理机失效的空间分布规律,对于失效刚恢复的资源节点,本章选择将其搁置一定时间再加入空闲资源池以供调度使用,设置搁置时间为 $\delta$。

**2. 通信链路可信度度量**

本章通过分析云资源节点之间的历史交互数据,使用证据理论和 Bayes 方法度量通信链路的可信度 $\Phi_{\text{Path}}$。设云计算环境下存在资源节点 $x$ 和 $y$,使用二项事件(成功/失败)描述节点 $x$ 和节点 $y$ 之间数据传输结果。当 $x$ 和 $y$ 发生 $n$ 次交互后,设其中成功次数为 $u$,失败次数为 $v$,则将其间通信链路的可信度 $\Phi_{\text{Path}}$ 定义为在前 $n$ 次交互的基础上,第 $n+1$ 次交互成功的概率。由于资源节点之间交互成功的后验概率服从 Beta 分布,如将单次节点交互过程中交互成功的先验概率设为随机变量 $\theta$,假定 $\theta$ 服从均匀分布 $U(0,1)$,则其后验概率密度函数如式(6.21)所示:

$$\text{Beta}(\theta \mid u, v) = \frac{\Gamma(u+v+2)}{\Gamma(u+1)\Gamma(v+1)} \theta^u (1-\theta)^v \tag{6.21}$$

通信链路可信度 $\Phi_{\text{Path}}$ 定义为通信链路在网络中提供可靠通信的能力,是对未来数据传输成功概率的预测,即交互经验分布的期望值,如式(6.22)所示:

$$\Phi_{\text{Path}} = E(\text{Beta}(\theta \mid u+1, v+1)) = \frac{u+1}{u+v+2} \tag{6.22}$$

当资源节点之间的历史交互数据较少不足以进行评估时,引入中间推荐节点计算链路可信度。设云资源节点 $x$ 和 $z$,$y$ 和 $z$ 交互独立,交互次数分别为 $n_1$、$n_2$,其中交互成功、失败次数分别为 $(u_1, v_1)$ 和 $(u_2, v_2)$,则其通信链路的可信度 $\Phi_{\text{Path}}$ 定义为

$$\Phi_{\text{Path}} = E(\text{Beta}(\theta \mid u_1 + u_2 + 1, v_1 + v_2 + 1)) = \frac{u_1 + u_2 + 1}{n_1 + n_2 + 2} \tag{6.23}$$

## 6.4.2　服务质量需求

为简化模型,本章考虑服务质量属性为任务响应时间,实际应用中可按需求进行扩展。任务响应时间(response time,RT)由链路中数据的传输时间和任务的执行时间组成。由于云资源节点在不同供应电压下的计算速度不同,且资源节点之间的通信带宽往往随时间动态变化,因而定义云任务的执行时间为计算资源在最大供应电压下执行云任务所需的时间,定义通信时间为以平均带宽进行数据传输所需的时间。

在实际应用中,由于各项服务质量属性的量纲、数量级都不相同,因而需要对初始数据按照式(6.24)做无量纲标准化处理,将其转化至 $[0,1]$ 范围内,其中 $\max(x_i)$ 和 $\min(x_i)$ 分别表示第 $i$ 项服务质量属性的最大值和最小值。

$$y_i = \frac{x_i - \min(x_i)}{\max(x_i) - \min(x_i)} \tag{6.24}$$

## 6.4.3　放置约束

由于不同类型云任务往往具有不同的负载变化特征和特殊的硬件需求,在考虑属性匹配问题之外,还应考虑云任务的物理机放置约束和优先级约束问题。例如,当任务 $T_1$ 为图像处理程序时,则执行 $T_1$ 的虚拟机应放置于具有 GPU 的物理机上,即任务 $T_1$ 对物理机资源有放置约束需求。

本章考虑数据本地性、数据中心负载均衡以及云任务的负载波动性等因素,依据以下三项原则对云任务的物理机放置进行约束:

(1) 应用类型约束。为避免对同类型资源的竞争,不将同一类型的云任务放置于同一物理机资源上。

(2) 数据本地性约束。由于本地数据通信开销为 0,因此优先将具有依赖关系的两个云任务放置到同一物理机资源上执行。

(3) 负载波动性约束。对于负载动态变化的云任务,为防止任务同时处于负载波峰,错开其波峰时的资源需求,将负载变化特征相似的云任务放置于不同的物

理机资源上。

### 6.4.4 图的构造

通过上文分析可知,并行任务的调度目标包括可靠性需求、服务质量需求和放置约束。其中,可靠性需求和各类服务质量需求都属于典型的优先级调度问题,即优先匹配可靠性较高或服务性能较好的资源节点。

**1. 优先级调度**

本章通过最小费用最大流网络的费用构造来支持优先级调度,其调度指标包括可靠性(reliability)和任务响应时间,定义优先级调度的费用计算公式如式(6.25)所示:

$$Cost = [W_{\text{reliability}}, W_{\text{RT}}] \times \begin{bmatrix} \text{reliability} \\ \text{responsetime} \end{bmatrix} \quad (6.25)$$

式中,$W_{\text{reliability}}$、$W_{\text{RT}}$分别表示可靠性、任务响应时间的权重,通过熵值法[32]根据各项指标的效用价值确定。其中,云系统可靠性在代入计算费用前需按式(6.26)做无量纲标准化处理,将其转化至[0,1]范围内。

$$y_i = \frac{\max(x_i) - x_i}{\max(x_i) - \min(x_i)} \quad (6.26)$$

最小费用最大流问题的优先级约束方法如图 6.5 所示,根据式(6.26)计算出虚拟机资源 $v_1$、$v_2$ 和 $v_3$ 所需费用分别为 $Cost_{v_1}$、$Cost_{v_2}$ 和 $Cost_{v_3}$,则费用最小的虚拟机资源被选择的可能性最高,即优先级最高。

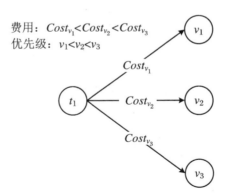

**图 6.5　最小费用最大流问题的优先级约束**

**2. 放置约束**

本章通过最小费用最大流网络的容量构造来支持物理机的放置约束。如图 6.6 所示,在云任务和物理机资源之间建立边表示该任务与物理机资源存在放置约束,应将该任务调度到目标物理机使用虚拟化技术得到的虚拟机上执行。图 6.6 中边的容量为 0 表示放置冲突,因此任务 $t_1$ 不可被放置到资源 $R_2$ 的虚拟机上执行,$t_1 \rightarrow R_1$ 表示任务 $t_1$ 与资源 $R_1$ 存在依赖关系,则应优先放置。

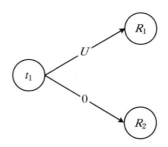

图 6.6　最小费用最大流问题的放置约束

对于物理机放置约束的三项原则分别进行分析如下：

（1）应用类型约束。若待分配任务与物理机上已执行任务具有不同的应用类型则设置容量为 $U$，否则为 $0$。

（2）数据本地性约束。该项约束主要针对数据密集型任务，若任务所需数据已存储在待放置物理机上，则设置容量为 $U$，否则为 $0$。

（3）负载波动性约束。若物理机上待调度任务和已执行任务的资源需求波动周期不冲突则设置容量为 $U$，否则为 $0$。

# 6.5　基于可靠性感知的资源调度算法

针对有向无环图的并行任务资源调度问题，本节首先对调度方案的可靠性评价指标函数及适应度计算方法进行介绍，再通过对自适应惯性权重的改进，提出了基于可靠性感知的自适应惯性权重粒子群资源调度算法。

## 6.5.1　图的问题求解形式化描述

最小费用最大流问题是网络优化分析中的一类典型问题，寻找最小费用最大流的方法或为保持流的最小费用性质而逐步增大流量，或为保持流的最大流量性质而逐步降低费用，最小费用最大流问题已广泛地应用于运输问题、物资装配供给、资源调度等领域，现将相关概念定义如下：

**定义 6.7（流网络）**　设给定一个流网络 $G=(V_S,E_S,U,C_S)$ 描述基于图的云资源调度模型，其中 $V_S$ 表示网络中节点构成的节点集合；$E_S$ 表示网络中边的结合；$U$ 表示容量集合；$C_S$ 表示费用集合。

**定义 6.8（可行流）**　流网络中 $s$ 表示源点，$t$ 表示汇点，$\forall v,w\in V$，$\gamma(v)$ 为流差，边 $(v,w)\in E$ 的流量 $f(v,w)$ 满足式（6.27）则称为可行流，且该可行流的残存网络中不存在费用为负数的增广圈。

$$\left\{ \sum_{(v,w)\in E}f(v,w)-\sum_{(w,v)\in E}f(w,v)=\gamma(v)=0 \right. \tag{6.27}$$

其中，$\forall v,w \in V_S, 0 \leqslant f(v,w) \leqslant U(v,w)$

**定义 6.9(商网络)**　对于流网络 $G=(V_S, E_S, U, C_S)$，给定 $V_S$ 上的一个等价关系 $R$，则 $[V_S]$ 表示原有节点集 $V_S$ 对应于等价关系 $R$ 的商集，$([V_S],[E_S],[U],[C_S])$ 表示原网络对于等价关系 $R$ 的商网络。

**定义 6.10(最小费用最大流问题)**　设流网络 $G=(V_S, E_S, U, C_S)$，其中 $\gamma(v) > 0$ 的顶点为源节点，$\gamma(v) < 0$ 的顶点为汇聚节点，则对于可行流 $x$，流量 $f(x)$ 最大而费用 $c(x)$ 最小的可行流为所求最小费用最大流，即满足式(6.28)。

$$\min \sum_{x \in E_s} f(x)c(x) \tag{6.28}$$

## 6.5.2　适应度计算

粒子群算法属于进化算法的一种，该算法从随机解出发，通过适应度的计算不断迭代以寻找最优解。本章使用粒子位置表示资源调度方案的可靠性，设计了适应度 Fitness 的计算公式，在充分考虑计算资源的可靠程度基础上，还能够有效适应云计算环境下资源的异构性特点，从而降低应用任务执行的时间。适应度计算公式如式(6.29)所示：

$$\text{Fitness} = \sum_{i=1}^{m} \text{Trust}(t_i, v_j, X_k, T_{ik}, N_k) \cdot \{SL(t_i) - \text{Max}\{t_{i,j}^A, t_j^M\} + \Delta(t_i, v_j)\}$$

$$\tag{6.29}$$

其中，$\text{Trust}(t_i, v_j, x_k, T_{ik}, N_k)$ 表示在设置失效恢复机制的失效恢复率 $x_k$，执行时间限制 $T_{ik}$ 和最大失效恢复次数 $N_k$ 等参数后，前趋任务 $t_i$ 和前趋虚拟机 $v_i$ 对空闲虚拟机 $v_j \in V$ 可靠性的评估，即任务执行可靠性 $R$；$SL(t_i)$ 为任务 $t_i$ 的静态级，为该任务执行到并行任务中止时的最大执行时间；$t_{i,j}^A$ 为任务 $t_i$ 在虚拟机 $v_j$ 上输入数据时间，$t_j^M$ 表示虚拟机 $v_j$ 空闲可用于执行任务的时间；$\Delta(t_i, v_j)$ 表示虚拟机 $v_j$ 的相对于其他虚拟机资源的相对计算性能。

与此同时，并行任务调度时应满足以下条件：

(1) 后续任务 $t_j$ 在虚拟机资源 $v_j$ 上的开始执行时间 $T_{\text{start}}(t_j, v_j)$ 应大于其所有前驱任务的最迟执行完成时间 $T_{\text{exec}}(t_j, v_j)$ 与前驱任务的最大数据传递时间 $T_{\text{comm}}(t_j, v_j)$ 之和。

(2) 同一虚拟机资源上同一时间只能执行一个任务。

(3) 在满足云任务运行截止时间的约束条件下，应最大化整体适应度，如式(6.30)所示。适应度越大的调度方案表示该调度方案的整体任务执行可靠性越高，任务执行时间越少。

$$
\begin{cases}
\mathrm{Max} \displaystyle\sum_{i=1}^{m} \mathrm{Trust}(t_i, v_j, X_k, T_{ik}, N_k) * \{SL(t_i) - \mathrm{Max}\{t_{i,j}^A, t_j^M\} + \Delta(t_i, v_j)\} \\
T_{\mathrm{start}}(t_j, v_j) \geqslant T_{\mathrm{exec}}(t_j) + T_{\mathrm{comm}}(t_j) \\
T_{\mathrm{comm}}(t_j, v_j) = \max\{T_{\mathrm{comm}}(v_i, v_j) \mid v_i \in Pred(t_j)\} \\
T_{\mathrm{exec}}(t_j, v_j) = \max\{T_{\mathrm{exec}}(v_i, v_j) \mid v_i \in Pred(t_j)\}
\end{cases}
$$

$$(6.30)$$

### 6.5.3　基于商网络的最小费用最大流算法

随着网络规模的增加,如何降低基于图模型的问题求解计算复杂性是解决问题的关键。因此,本章提出一种基于商网络的最小费用最大流算法(quotient network based cost scaling,QNBCS),该算法结合商空间理论,通过构造等价关系,将原有网络压缩成规模较小的商网络,再使用 Cost scaling 算法进行求解。

在流网络中,除去源节点和汇聚节点外的其他节点不产生流量也不阻塞流量,因此收缩此类中间节点,对原有网络进行简化,有利于降低网络的规模从而降低问题求解的复杂度。然而,收缩网络中的节点和边实际上改变了网络的拓扑结构,例如收缩了描述放置约束和优先级约束的节点和边,则可能影响整个调度问题的求解。因此,本章在构建商网络前,先使用基于标签传播理论[35]的网络划分方法划分子网络,再考虑对哪些子网络进行收缩,其过程如下:

设节点 $m \in V_s$ 具有 $n$ 个邻居节点,设置节点 $m$ 的初始标签为 $l(m)$,$t$ 为迭代次数。在每一次迭代过程中,首先将网络中的节点随机排序后放入节点队列,再按顺序计算各节点的邻居节点中出现频次最多的标签,并用该标签频次更新各节点原有标签。经过 $t$ 次迭代后,如每个节点的标签都为其邻居节点中出现频次最多的标签,则停止迭代,同时以标签频次为等价关系 $R$ 构建等价类,从而将原网络划分为多个子网络。最后按照收缩条件将部分子网络收缩为粗粒度商网络中的一个节点。

判断子网络是否可以收缩的条件为:① 流入该子网络中任一节点的流量能够从该节点或其他节点流出,即流差为 0;② 子网络中不存在描述优先级约束或放置约束的边。

### 6.5.4　自适应惯性因子

惯性因子是粒子群算法中的重要参数,惯性因子的选取决定了粒子群算法的搜索能力和收敛速度。本章采用自适应惯性因子计算方法,首先比较粒子群相邻迭代搜索到的调度方案的适应度,再根据比较结果实时调整惯性因子。自适应惯性因子有利于实时控制粒子搜索速度,避免早熟与局部收敛问题,本章提出的自适应惯性因子计算的主要步骤如下:

(1) 设粒子 $s$ 在第 $t$ 次迭代时的适应度为 $pbest_s^t$,粒子群第 $t$ 次迭代的全局最

优值为 $globabest^t$。则单个粒子 $s$ 第 $t$ 次迭代的搜索成功率 $Suc_s^t$ 定义为:

① 当粒子 $s$ 第 $t$ 次迭代适应度大于第 $t-1$ 次迭代适应度,且大于第 $t$ 次迭代的全局最优值时,即 $pbest_s^t > globabest^t$,且 $pbest_s^t > pbest_s^{t-1}$ 时,设置 $Suc_s^t = 1$。

② 当粒子 $s$ 第 $t$ 次迭代适应度小于第 $t-1$ 次迭代适应度,但大于第 $t$ 次迭代的全局最优值时,即 $pbest_s^t > globabest^t$,且 $pbest_s^t < pbest_s^{t-1}$ 时,设置 $Suc_s^t = 0.5$。

③ 当粒子 $s$ 第 $t$ 次迭代适应度小于第 $t-1$ 次迭代适应度,且小于第 $t$ 次迭代的全局最优值时,即 $pbest_s^t < globabest^t$,且 $pbest_s^t < pbest_s^{t-1}$ 时,设置 $Suc_s^t = 0$。

(2) 设粒子群中粒子个数为 $k$,则可根据式(6.31)计算粒子群第 $t$ 次迭代的成功率 $Suc^t$,表示第 $t$ 次迭代中粒子适应度的变化情况。

$$Suc^t = \frac{1}{k} \sum_{s=1}^{k} Suc_s^t \qquad (6.31)$$

(3) 根据第 $t$ 次迭代的成功率 $Suc^t$ 计算第 $t$ 次迭代时的惯性权重 $w^t$ 及粒子的搜索速度 $v_s^t$,如式(6.32)所示:

$$\begin{cases} w^t = Suc^t \cdot (w_{max} - w_{min}) + w_{min} \\ v_s^t = w^t v_s^{t-1} + r_1 c_1 (p_s^t - x_s^t) + r_2 c_2 (p_g^t - x_s^t) \end{cases} \qquad (6.32)$$

其中,$x_s^t$,$p_s^t$ 分别为粒子 $s$ 第 $t$ 次迭代的迭代位置和个体适应度极值,$p_g^t$ 为粒子群的全局极值,$c_1$,$c_2$ 为学习因子,$r_1$,$r_2$ 为(0,1)之间的随机数。

## 6.5.5　算法描述

**1. 基于可靠性感知的自适应惯性权重粒子群资源调度算法**

算法描述如下:

| 算法 1 | 基于可靠性感知的自适应惯性权重粒子群资源调度算法 R-PSO() |
|---|---|
| 输入 | 并行任务 $Task = \{t_1, t_2, \cdots, t_m\}$,云虚拟机资源 $VM = \{v_1, v_2, \cdots, v_n\}$,算法迭代次数 $Num$ |
| 输出 | 任务-资源分配序列 $L_{assign}$ |
| 1 | R-PSO() |
| 2 | {for each $s \in (1, k)$ |
| 3 | {$L_{assign}(s) \leftarrow$ RandomInit($Task, VM$);　//分配方案初始化 |
| 4 | RandomInit($v_s$);　//初始化搜索速度 $v_s$ |
| 5 | $p_s =$ Calculate($L_{assign}(s)$);　//计算初始分配方案的适应度值 |
| 6 | }//end for each $s \in (1, k)$ |
| 7 | $p_g =$ optimize($p_s$);　//从 $k$ 个调度方案中选出全局最优分配方案 |
| 8 | for each $t \in (1, Num)$ |

续

| 算法 1 | 基于可靠性感知的自适应惯性权重粒子群资源调度算法 R-PSO() |
|---|---|
| 9 | {for each $s \in (1, k)$ |
| 10 | {$L_{assign}(s)^t \leftarrow$ update resource scheduling scheme；　//根据搜索速度更新第 $t$ 次迭代时粒子 $s$ 的资源调度方案 |
| 11 | $p_s^t =$ Calculate($L_{assign}^t(s)$)；　//计算第 $t$ 次迭代时粒子 $s$ 的适应度 |
| 12 | $p_g^t =$ optimize($p_s^t$)；　//计算第 $t$ 次迭代的全局最优化分配方案 |
| 13 | $Suc^t \leftarrow$ CalculateSuc($L_{assign}^t(s)$)；　//计算第 $t$ 次迭代的成功率 |
| 14 | update inertia factor $w^t$　//根据成功率更新惯性因子 |
| 15 | update searching speed $v_s^t$　//更新粒子搜索速度 |
| 16 | }//end for each $s \in (1, k)$ |
| 17 | }//end for each $t \in (1, Num)$ |
| 18 | return $L_{assign}$ |
| 19 | }end R-PSO() |

## 2. 基于商网络的最小费用最大流算法

完成子网络的收缩操作后,形成商网络($[V_s], [E_s], [U], [C_s]$),商网络规模和结构复杂度都较原有网络简单,本章在此基础上使用 Cost scaling 算法求解原网络最小费用流的近似解,算法描述如下:

| 算法 1 | 基于商网络的最小费用最大流算法 |
|---|---|
| 输入 | 初始网络 $G = (V_S, E_S, U, C_S)$ |
| 输出 | 满足约束条件的最小费用可行流 |
| 1 | 对于节点 $m \in V_S$,赋予初始标签值 $l(m)$; |
| 2 | 设迭代次数 $t = 1$ |
| 3 | IF($t <$ 最大迭代次数;$t++$) |
| 4 | 所有节点依据其邻居节点的最大标签频次确定其标签; |
| 5 | 将标签相同的节点存入同一子网络节点集 $V_{Si}$; |
| 6 | for each $V_{Si} \in V_S$ |
| 7 | { 逐个计算子网络中节点的流差 $\gamma(x), x \in V_{Si}$; |
| 8 | 计算子网络 $V_{Si}$ 的最大流 $MFG(V_{Si})$; |
| 9 | IF $MFG(V_{Si}) = \sum_{x \in VSi} \gamma(x)$ 　　　$\wedge$ constraint does not exist |
| 10 | 将子网络替换为单个节点,删除内部节点和节点之间相互连接的边; |

续

| 算法 1 | 基于商网络的最小费用最大流算法 |
| --- | --- |
| 11 | $\}/*$ for each $V_{s'} \in V_S *\/$ |
| 12 | 得到商网络$([V_s], [E_s], [U], [C_s])$; |
| 13 | 在商网络$([V_s], [E_s], [U], [C_s])$上使用 Cost scaling 算法求解最小费用的可行流; |

本章提出基于商网络的最小费用最大流算法由划分子网络、构建商网络和求解商网络最小费用流三部分组成。其中基于标签传播理论的子网络划分算法时间复杂度为 $O(V_s + E_s)$，生成商网络的时间复杂度为 $O(V_s, E_s)$，设得到商网络为 $(V', E')$，则在商网络上计算最小费用流的时间复杂度为 $O(V'^2 E' \log(V'E'))$。因此，QNBCS 算法的时间复杂度为

$$T_{\text{QNBCS}} = O(V_s + E_s) + O(V_s E_s) + O(V'^2 E' \log(V' E'))$$
$$= O(V_s E_s) + O(V'^2 E' \log(V' E'))$$
$$= \text{Max}\{O(V_s E_s), O(V'^2 E' \log(V' E'))\} \tag{6.33}$$

由式(6.33)可知，QNBCS 算法的时间复杂度为由商网络中节点和边的压缩率决定。然而，在云计算大规模调度的情形下，由于节点和边的数值非常巨大，QNBCS 算法的时间复杂度显然低于在原网络中 Cost scaling 算法的求解时间复杂度 $O(V_s^2 E_s \log(V_s E_s))$。

# 6.6　仿真实验及结果分析

为验证和评价提出的基于可靠性感知的自适应惯性权重粒子群资源调度算法性能，本章对开源云仿真软件 CloudSim 进行扩展，构建云仿真实验平台。Cloud-Sim 是基于 Java 的离散事件模拟工具包，能够对物理主机、虚拟机资源、虚拟化云数据中心、各类资源管理策略以及调度策略进行仿真。由于 CloudSim 缺乏对云可靠性及失效恢复相关策略的有效支持，本章在原有 CloudSim 仿真平台的基础上扩展了失效事件模块和修复事件模块，当虚拟机从工作状态转为失效状态时，其正在处理的云任务中断、数据丢失，失效恢复时间服从指数分布。

实验参数设置如下：本章构建了胖树型数据中心网络，云数据中心包含 1024 台物理机资源，接入层、汇聚层和核心层路由器数及转发延迟预先给定，设定每台物理机最多可虚拟化为 4 台虚拟机资源，通信链路传输速度介于 2～10 Mbit/s。并行任务 DAG 图由仿真并行任务自动生成软件随机生成，设定云任务在云资源上的执行时间介于 10～50 s；云任务类型以及任务间传输的数据量由其通信计算比

率 $CCR$ 决定,$CCR$ 为并行任务 DAG 图中所有任务间通信量与所有任务计算量的比值,$CCR>1$ 表示云任务为通信密集型任务,反之则为计算密集型任务;根据大规模云计算实验床的系统失效日志分析[23],设置资源节点和通信链路的失效时间间隔服从 weibull 分布,失效资源包括失效资源节点和失效通信链路,刚失效资源近期再次发生失效的频率在 1~3 之间满足均匀分布,设置云资源失效局部特性服从 zipf 分布;R-PSO 算法中粒子数量 $s$ 设置为 40,学习因子 $c_1$ 和 $c_2$ 均设置为 2,惯性因子介于 (0,1) 之间。所有仿真实验中,对于上述每一组随机产生的参数集,实验结果采用 100 次实验的平均值。

### 6.6.1  失效恢复率

为分析失效恢复机制参数对云服务可靠性和调度性能的影响,本实验讨论失效恢复率 $x_k$ 的不同取值对任务平均执行成功率和平均调度长度的影响。实验环境参数设置如下:随机生成云任务数为 3000 的应用程序任务图,任务通信计算比率 $CCR$ 设定为 1.0,设置任务最大执行时间限制为 100 s。

在不考虑最大失效次数限制的情况下,本组实验讨论失效恢复率 $x_k$ 对不同类型任务平均执行成功率和任务平均调度长度的影响,实验结果如图 6.7、图 6.8 所示。

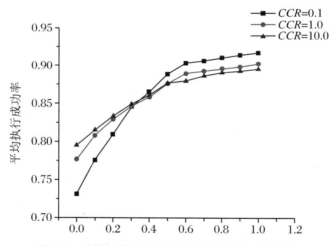

**图 6.7  失效恢复率对任务平均执行成功率的影响**

由图 6.7 可见,当未启用失效恢复机制时,任务的平均执行成功率较低,而随着失效恢复率的逐步增加,3 种类型任务的平均执行成功率均有不同程度提高。对于不同类型的任务而言,计算密集型任务的任务平均执行成功率在未启用失效恢复机制时明显低于通信密集型任务,而在 $x_k$ 大于 0.5 后略高于通信密集型任务,充分说明本章引入失效恢复机制的有效性。此外,当失效恢复率增长至 1 时,3 类任务的平均执行成功率均未增长至 100%,这是由于通信链路失效为不可恢复失效,而不可恢复失效无法通过失效恢复程序的执行进行恢复。

图 6.8 为不同失效恢复率对任务平均调度长度之间的影响。由图可见,当提升失效恢复概率时,三类任务的平均调度长度都相应增加。其中,当 $x_k$ 逐步增加至 0.3 时,由于失效恢复率较低,大量失效恢复程序的重复执行导致任务平均调度长度增加速率较快;而 $x_k$ 在 0.4~0.6 之间时,任务平均调度长度的增长速率相对较缓;当 $x_k$ 大于 0.8 后,三类任务的平均调度长度都急剧增加,这是由于失效恢复程序的执行时间服从指数分布,提高失效恢复率在提高任务平均执行成功率的同时,其失效恢复开销也相当巨大。

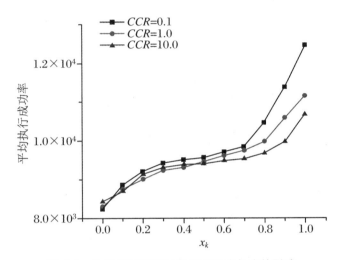

**图 6.8　失效恢复率对任务平均调度长度的影响**

## 6.6.2　最大失效恢复次数

本组实验讨论最大失效恢复次数对不同类型任务平均执行成功率和任务平均调度长度的影响,失效恢复率设置为 0.6,实验结果如图 6.9、图 6.10 所示。

由图 6.9 可见,当最大失效恢复次数 $N_k$ 逐步增加时,三类任务的平均执行成功率也相应提高,在 $N_k$ 增加至 5 次之后,三类任务平均执行成功率的增长速率都明显变缓,这是由于大部分资源节点的可恢复失效都能够在执行 4~5 次失效恢复程序后被恢复。图 6.10 所示为最大失效恢复次数的变化对任务平均调度长度的影响。由图可见,当 $N_k$ 大于 5 次时,三类任务的平均调度长度的增长速率也相对较慢,该图从另一侧面证实了大部分可恢复失效能够在 4~5 次内被恢复。

此外,当 $N_k$ 从 5 次增长至 10 次的过程中,$CCR$ 值分别为 0.1、1.0 和 10 的三类任务的平均执行成功率分别提高了 2.63%、2.58% 和 3.21%,而平均调度长度分别提高了 4.52%、5.33% 和 6.14%,可见设置较高的最大失效恢复次数并没有显著提高任务的执行成功率,却增加了相对较多的任务执行时间。

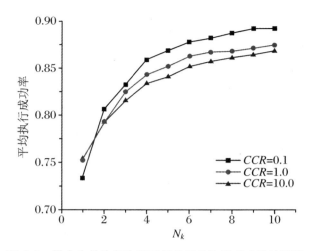

图 6.9　最大失效恢复次数对任务平均执行成功率的影响

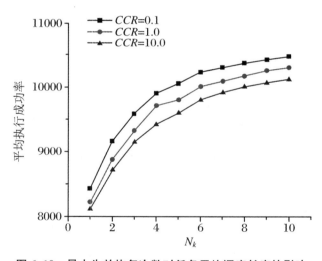

图 6.10　最大失效恢复次数对任务平均调度长度的影响

### 6.6.3　算法收敛情况分析

本组实验从算法收敛情况、适应度两个方面对本章提出的 R-PSO 算法和其他算法进行比较。对比算法的惯性权重计算策略包括常数值策略(constant)、指数递减策略(index decreasing)、线性递减策略(linear decreasing)和自适应动态调整策略(adaptive particle swarm optimization,APSO),分别记为 CPSO、IPSO、LPSO 以及 APSO。实验相关参数设置如下:随机生成云任务数为 1000～5000 的应用程序任务图,任务通信计算比率 $CCR$ 设置为 1.0,失效恢复率 $x_k$ 设置为 0.6,最大失效恢复次数 $N_k$ 设置为 4 次,任务最大执行时间限制设置为 100 s。

表 6.1 所示为任务数在 1000～5000 的情况下,5 种算法的收敛情况。由表 6.1 可见,本章提出的 R-PSO 算法在不同任务数情况下得到最优调度方案的迭代次数较为稳定,且在整体上优于传统的自适应动态调整策略。

表 6.1　任务数为 1000～5000 时 5 种算法的收敛情况

| 任务数 | 迭代次数 | | | | |
| --- | --- | --- | --- | --- | --- |
| | CPSO | IPSO | LPSO | APSO | R-PSO |
| 1000 | 83 | 21 | 67 | 91 | 67 |
| 2000 | 88 | 17 | 45 | 85 | 65 |
| 3000 | 64 | 16 | 37 | 79 | 66 |
| 4000 | 54 | 14 | 75 | 63 | 72 |
| 5000 | 75 | 24 | 76 | 82 | 61 |

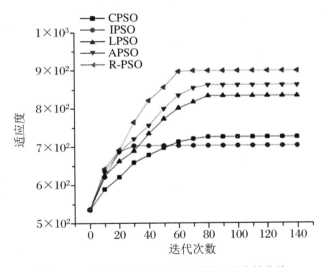

图 6.11　任务数为 1000 时 5 种算法的收敛曲线

当任务数分别设置为 1000 和 5000 时,图 6.11、图 6.12 所示为五种算法适应度的收敛情况。由图可见,本章提出的 R-PSO 算法所生成资源调度方案的适应度明显优于其他四类算法,在任务数为 1000 时比 CPSO、IPSO、LPSO 以及 APSO 的适应度分别提高了 10.06%、13.66%、7.92% 和 4.29%,在任务数为 5000 时的适应度则分别提高 36.81%、52.02%、37.87% 和 13.06%。由此也可看出,当任务规模扩大时,优化效果更为显著。

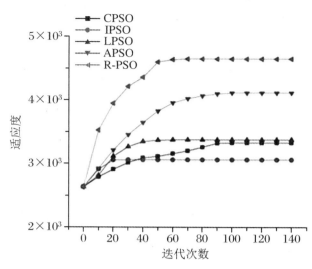

**图 6.12　任务数为 5000 时 5 种算法的收敛曲线**

### 6.6.4　不同任务数及任务类型情况下的算法性能比较

（1）本组实验在不同任务数情况下，从任务平均执行成功率和平均调度长度两方面比较 CTDLS 算法、FR-RPP（failure regularity based resource provision policy）算法以及本章提出的 R-PSO 算法的性能。实验相关参数设置如下：随机生成云任务数为 500～5000 的应用程序任务图，任务通信计算比率 $CCR$ 设置为 1.0，失效恢复率 $x_k$ 设置为 0.6，最大失效恢复次数 $N_k$ 设置为 4 次，任务最大执行时间限制设置为 100 s。

实验结果如图 6.13、图 6.14 所示。由图可见，随着任务数的增长，三种算法的任务平均执行成功率均略有降低，而任务平均调度长度均有明显提升。其中，R-PSO 的平均执行成功率远高于 CTDLS 和 FR-RPP，而平均调度长度只比 CTDLS 略长。实验说明：① 相对于 FR-RPP 算法，本章提出的 R-PSO 算法同时考虑了失效恢复机制和失效避免策略，通过极大似然估计对失效恢复机制下各时间段资源失效规律 weibull 分布的形状参数和尺度参数进行评估，从而有效地避开了资源的失效时段，提高了云服务的可靠性。② 实验验证了 R-PSO 算法对失效恢复机制下云资源失效规律 weibull 分布的形状参数和尺度参数估计的准确性。③ 通过与 CTDLS 算法的比较可见，资源调度算法通常无法在云服务可靠性和任务调度长度两方面都得到较高的服务质量，而 R-PSO 算法在牺牲了一定的调度长度（即失效恢复开销）的前提下，大幅度提高了云服务的可靠性。④ R-PSO 算法的调度性能依赖于失效恢复机制的参数设置，选择合适的失效恢复率和最大失效恢复次数有利于提高调度算法的性能。

（2）本组实验在不同任务类型情况下，从任务平均执行成功率和平均调度长度两方面比较 CTDLS 算法、FR-RPP 算法以及 R-PSO 算法的性能。实验相关参数设置如下:随机生成云任务数为 3000 的应用程序任务图,任务通信计算比率 $CCR$ 分别设置为 0.1,1.0 和 10.0,失效恢复率 $x_k$ 设置为 0.6,最大失效恢复次数 $N_k$ 设置为 4 次,任务最大执行时间限制设置为 100 s。

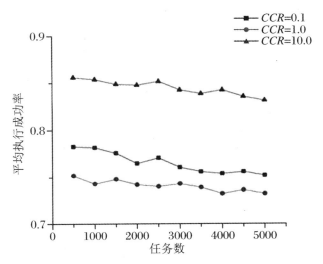

**图 6.13　不同任务数情况下 CTDLS、FR-RPP 和 R-PSO 的任务平均执行成功率比较**

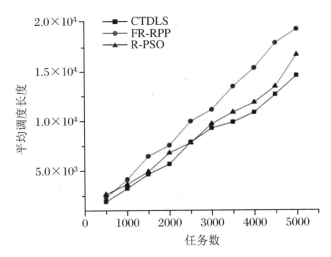

**图 6.14　不同任务数情况下 CTDLS、FR-RPP 和 R-PSO 的任务平均调度长度比较**

实验结果如图 6.15、图 6.16 所示。由图 6.15 可见,对于计算密集型任务,R-PSO 算法的任务平均执行成功率明显高于 FR-RPP 算法,这是由于部分计算资源虽然发生了失效,但通过失效恢复程序的执行,能够在执行时间、执行次数的限制下对失效进行有效恢复,提高了任务执行的成功率。而对于通信密集型任务,

R-PSO算法任务平均执行成功率远高于FR-RPP,说明本章提出基于变参数失效规则的资源可靠性建模在解决通信密集型任务调度问题中的有效性。由图6.16可见,相比CTDLS算法,R-PSO算法在提高任务平均执行成功率的同时,只增加了少量的任务平均调度长度,说明通过引入失效恢复机制,能够以一定的失效恢复开销有效提高云服务的可靠性,减少资源浪费。

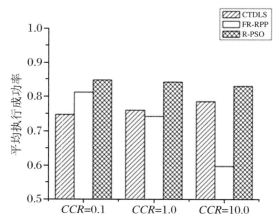

**图6.15 不同任务类型情况下 CTDLS、FR-RPP 和 R-PSO 的任务平均执行成功率比较**

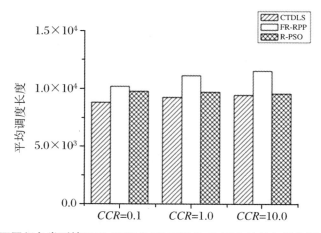

**图6.16 不同任务类型情况下 CTDLS、FR-RPP 和 R-PSO 的任务平均调度长度比较**

## 6.6.5 云系统可靠性度量模型的有效性

本章选择可靠性综合函数 $f(\Phi_{Node}, \Phi_{Path})$ 为线性函数: $\Phi = \alpha\Phi_{Node} + (1-\alpha)\Phi_{Path}$,其中,$\Phi_{Node}$ 和 $\Phi_{Path}$ 代入计算前先进行归一化处理,$\alpha$ 为可靠性需求因子,反映了云任务对云资源节点以及通信链路的可靠性需求程度,且 $\alpha \in (0,1)$。本项实验讨论可靠性需求因子 $\alpha$、搁置时间 $\delta$ 对任务执行成功率的影响。

**1. 可靠性需求因子**

本组实验对算法在不同可靠性需求因子下的任务平均执行成功率进行比较，实验参数设置如下：随机生成云任务数为 3000 的应用程序任务图，刚失效资源搁置时间 $\delta$ 设定为 20 s。本组实验中，可靠性需求因子 $\alpha$ 的取值分别为：0、0.3、0.7 和 1。

实验结果如图 6.17 所示，由图可见，对于不同类型任务，当只考虑通信链路的可信度或只考虑云资源节点的可信度时，任务平均执行成功率均较低，而综合考虑两方面影响因素时，任务平均执行成功率得到显著地提高；与此同时，对于 $CCR<1$ 的计算密集型任务，$\alpha=0.3$ 时的任务平均执行成功率明显低于 $\alpha=0.7$ 时的任务平均执行成功率，而对于 $CCR>1$ 的通信密集型任务，实验结果则相反。实验说明，对于不同类型的云任务应根据其通信计算比率选择适当的可靠性需求因子，同时也体现了本章提出云系统可靠性度量模型的有效性。

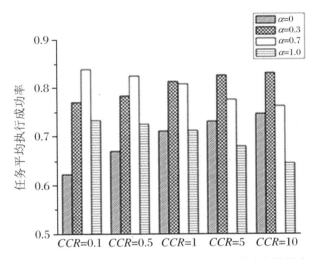

**图 6.17　可靠性需求因子对任务平均执行成功率的影响**

**2. 搁置时间**

本组实验考察刚失效资源的不同搁置时间 $\delta$ 的设置对任务平均执行成功率以及任务总执行时间的影响，实验参数设置为：可靠性需求因子 $\alpha=0.7$，通信计算比率 $CCR=0.1$，随机生成包含 1000~10000 个云任务的应用程序任务图。

实验结果如图 6.18、图 6.19 所示，从图 6.18 可以看出，随着任务数量的逐步增加，云任务平均执行成功率逐渐降低，说明云任务规模对执行成功率的影响是负面的，这是因为当云任务增多时，由于资源紧缺，空闲资源池内刚失效的不稳定节点被再次使用的可能性较大，从而导致任务平均执行成功率的降低。此外，在相同任务规模情况下，设置失效资源的搁置时间较长，则任务平均执行成功率相对较高，这是因为设置搁置时间较短时，刚失效的不稳定节点有机会在空闲资源池内放置较长时间,而不稳定节点的再次失效影响了任务的成功执行。当设置搁置时间较长时,等待不稳定节点稳定后再加入空闲资源池,因而任务平均执行成功率较高。

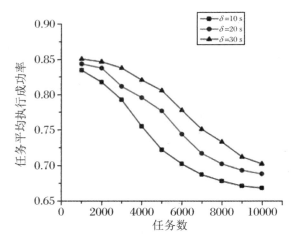

**图 6.18　不同搁置时间不同任务数下的任务平均执行成功率比较**

　　设置较长的搁置时间虽然有利于提高任务的执行成功率,但也使任务总执行时间大幅度增加。如图 6.19 所示,当设置较长的不稳定节点搁置时间时,在任务数量较少时对任务图的总执行时间影响不大,而当任务规模超过 5000 时,则会大幅度增加任务图的总执行时间,说明增加不稳定节点的搁置时间有利于任务的成功执行,然而需要牺牲一定任务执行时间作为代价。

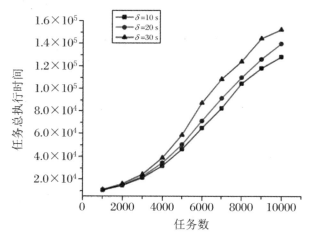

**图 6.19　不同搁置时间不同任务数下的任务总执行时间比较**

## 6.6.6    调度延迟

为验证本章提出基于商网络的最小费用最大流算法(记为 QNBCS)的有效性,在不同任务数的情况下,比较 Cost scaling 算法、Cloud-DLS 算法和 QNBCS 算法的运行时间。本组实验参数设置为:$CCR=1$,可靠性需求因子为 0.5,搁置时间设置为 20 s,随机生成任务数为 1000~10000 的应用程序任务图。

实验结果如图 6.20 所示,三种算法的运行时间随着任务数量的增加而增加,其中 Cost scaling 的运行时间远高于 Cloud-DLS 和 QNBCS,当云任务规模增加时,QNBCS 的运行时间相较 Cost scaling 具有明显优势,说明本章提出基于商网络的最小费用最大流算法有效地降低了求解最小费用最大流的时间复杂度。

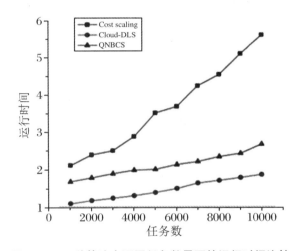

图 6.20    三种算法在不同任务数量下的运行时间比较

# 本 章 小 结

云计算系统是由成千上万云资源节点和通信链路构成的大规模复杂系统,在拥有无数资源节点的云环境中,如何获取可靠的云资源,并将云任务分配到值得信任的资源节点上执行成为保障并行任务成功执行的关键。本章针对云计算环境下动态提供资源可靠性较低的问题,引入失效恢复机制对云资源节点和通信链路分别进行可靠性建模,提出了基于可靠性感知的自适应惯性权重粒子群资源调度算法,在此基础上扩展和应用了 CloudSim 云仿真实验平台,验证了本章提出算法的调度性能。

与此同时,针对现有以队列方式进行建模的可信云资源调度模型的局限性,本章提出了一种基于图模型的可信云资源调度算法,将云任务资源需求与云资源动态供给的最优匹配问题转换成最小费用最大流图的构造和求解问题,再结合商空间理论将初始网络转化为规模较小的商网络进行求解,以降低算法时间复杂度,加快调度决策的时效性。仿真实验结果表明,R-PSO 算法能够准确估算云资源失效规律的相关参数,定量分析失效恢复率、最大失效恢复次数对调度性能的影响,在大幅提高云服务可靠性的同时,只增加少量的时间花费。

# 第7章 基于节点位置变化的动态 商空间模型及其应用

移动边缘计算环境下的计算卸载技术有助于解决移动终端在资源存储、计算性能等方面的不足。然而，在拥有大量计算资源的移动边缘计算环境中，边缘服务器、移动终端以及网络通信链路的不可靠性不可避免，而应用任务的执行失败对工作流任务调度将造成极大的影响。此外，现有计算卸载策略大多设定移动终端处于静止状态，并未考虑移动终端的移动性和计算任务的实时性问题，尤其在智慧医疗场景下，现有计算卸载技术的不足之处更为凸显。

针对上述问题问题，本章对工作流任务、边缘服务器无线信号覆盖范围、智慧医疗场景以及终端移动路径分别构建模型进行描述，再根据移动终端的实时位置和移动速率构建了基于移动路径的工作流任务执行时间及能耗模型。在此基础上，根据边缘服务器的无线通信模型，引入任务执行延迟和任务迁移两种情况以保障服务的连续性和执行时间限制，从全局角度综合考虑任务在云端、边缘服务器和本地的执行效益、执行可靠性，设计基于改进动态商空间的任务卸载模型，在可选路径中搜索满足用户响应时间约束，且移动端能耗最低的最佳路径和相应的任务卸载、调度方案。

## 7.1 引　　言

随着智能终端的普及和快速发展，以及各类应用服务（如虚拟现实、人脸识别等）的不断涌现，用户对移动设备的便携式管理、网络服务质量和数据处理效率的需求也日益提高[152]。然而，尽管移动设备的数据处理能力越来越强，却依然无法在短时间处理计算量巨大的应用程序。与此同时，在电池电量的快速消耗和电池容量的限制下，应用程序在移动设备上的用户体验也会受到巨大影响。为解决上述问题，移动边缘计算（mobile edge computing，MEC）得到了广泛的研究和应用。移动边缘计算将云计算、边缘计算与移动计算相结合，通过将应用卸载到云端或者边缘服务器以解决移动设备在计算性能、存储空间和能效等方面的不足。由于在边缘计算的环境下一般假定边缘服务器在移动设备附近,因此与传统的移动云计算相比,移动边缘计算还能够减少网络时延以获得更快的响应速度,以保障业务应用的实时性需求[153]。

例如,智慧医疗需要融合物联网、云计算、大数据处理等多种技术。近几年,得益于物联网和移动网络的快速发展,各类生物传感器等相关的便携式医疗设备研究得到了越来越多的关注和应用[154]。此类便携式医疗设备可以全时收集各类实时医疗数据,如体温、血压、心率等。假设1个医疗数据指标包含4个字节数据,采集时间为1 min,6个医疗指标每分钟则需要采集24个字节数据。按照大型城市常住人口500万进行计算,1年采集数据可达57.3 PB。从上述分析可见,健康数据具有非常大的量级[155]。然而,智慧医疗场景下的应用任务不仅需要对海量、异构的医疗业务流程数据进行分析处理,又需要较低的响应时间来实时采集数据、反馈分析结果。因此,智慧医疗此类应用场景对移动终端、可穿戴设备的数据处理效率、网络服务质量和便携式管理提出了更高的要求,需要更为有效的计算卸载方案以弥补移动终端在能量消耗、资源存储、计算性能等方面的不足。

计算卸载技术是移动边缘计算的关键技术,主要包括卸载决策和资源分配方案。卸载决策是根据应用的相关属性(如任务负载、数据量等),综合考虑能耗、可靠性、用户响应时间约束等服务质量需求,制定最佳卸载策略(如卸载哪些应用任务,卸载至何处等)。资源分配则侧重于移动设备在实现卸载后如何分配资源的问题。

针对各类场景下基于移动边缘计算环境下的计算卸载技术,诸多学者进行了广泛的研究。从卸载方式进行划分,移动边缘环境下的计算卸载策略包括不卸载、完全卸载、部分卸载与多重卸载四类。如图7.1所示,不卸载策略是指将计算任务完全放置于移动终端执行;完全卸载指计算任务全部卸载至边缘服务器或云服务器;部分卸载则将部分任务卸载至边缘服务器,而其余任务仍在移动终端执行;多重卸载综合考虑各类计算资源属性,将任务同时卸载至移动终端、边缘服务器和云服务器。

从卸载决策目标进行划分,当前研究主要集中在以下两个方面:

(1) 时延优化。由于任务执行时延将直接影响用户服务质量。因此,根据不同的应用场景,出现了大量以降低时延为目标的研究。由图7.1可见,当任务在本地执行时,时延为该任务在移动终端的执行时间;而若将任务卸载至云服务器或边缘端,时延则由在该计算资源上的执行时间和数据传输时间组成。Chamla等[156]提出基于协作的计算卸载策略,该策略首先对应用任务进行分类,将计算密集型任务卸载到云服务器,而将通信密集型任务卸载至边缘服务器,以最小化执行时延。Kuang等[157]提出一种移动云计算下的多用户卸载决策,该算法通过筛选法将时延优化问题转换为经典的0-1背包问题,进而采用动态规划算法进行求解,从而获得更快的卸载响应时间和任务完成时间。

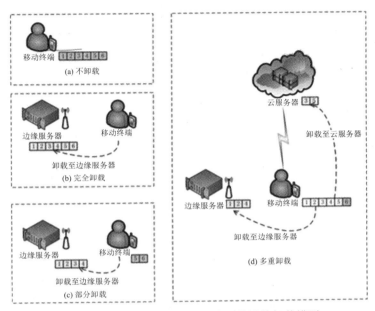

**图 7.1　移动边缘计算环境下的四种计算卸载模型**

（2）能耗优化。由于移动设备电池容量的限制，能耗优化问题是移动边缘计算环境下计算卸载技术的重要影响因素。Zhang 等[158]提出了一种基于能耗感知的计算卸载策略。该策略将移动设备的电池剩余能量引入权重因子，以迭代搜索算法结合内罚函数查找最佳的计算卸载决策和资源调度方案。Wang 等[159]针对不同的移动云计算服务领域，通过数据分析及搜索传递路径等方法优化移动设备能耗和任务完成时间。Yuan 等[160]则提出一种基于工作流动态关键路径和本地计算量的两阶段调度算法，通过在调度过程中动态更新关键路径，有效感知移动边缘环境的动态变化对调度结果的影响，从而给出更具时效性的卸载决策。Xu 等[161]提出基于能耗优化的多重资源计算卸载策略，对于移动边缘计算环境中云、边、端三类资源进行综合考虑，能够在保证工作流响应时间的约束条件下充分降低移动终端能耗。由于能耗和任务完成时间都直接影响用户体验，因此针对应用任务特性，以权衡能耗和时延为目标的卸载决策正逐步成为计算卸载技术的研究热点[162-163]。

然而，在拥有大量计算资源的移动边缘计算环境中，边缘设备接入的多样性、移动终端的资源受限性导致边缘服务器、大量移动终端以及网络通信链路的不可靠性不可避免。而应用任务的执行失败对移动边缘计算环境下的工作流任务调度将造成极大的影响，甚至发生拓扑堵塞、消息队列溢出等灾难性故障。虽然在传统云计算和移动云计算领域，基于集中管理的可靠调度机制和信任模型得到了广泛的关注和研究。但在移动边缘计算环境中，一方面移动设备存在存储、计算和电池容量等方面的资源限制,使得较为复杂的访问控制措施、可靠调度算法在移动边缘计算环境中无法适用;另一方面,移动边缘计算涉及云端、边缘服务器以及大量移动终端参与的资源供给、访问和数据传输与计算,传统的可靠性计算模型和处理方式已不足以支持以物联网感知为背景的应用任务执行和海量数据处理。当前信任管理模型在移动边缘计算领域的研究,特别是基于信任模型的计算卸载策略研究仍然较少,大多数相关研究仍集中在移动云计算环境下对用户之间的信任关系进行分析[164]。

针对上述问题,迫切需要设计一种计算卸载策略能使任务分配到值得信任的计算资源上执行,同时尽可能减小任务执行时间,降低执行失败的概率。本章综合考虑移动边缘计算环境中多种类型的计算资源,根据各类计算资源的应用任务执行特性分别构建其可信度计算方法,提出了基于信任模型的可靠多重计算卸载策略,并对移动边缘计算环境中任务调度方案可靠性的适应度进行计算;最后,结合工作流管理系统,提出基于可靠多重计算卸载策略的粒子群任务调度算法。

与此同时,由于各类 MEC 应用场景对移动终端的移动性要求逐年增加,而现有移动边缘环境下的计算卸载策略往往没有考虑移动终端位置的持续变化,以及移动终端在边缘服务器范围内的驻停时长、任务迁移代价等因素,由此可能导致任务执行时间过长、终端能耗过高等问题。如何有效地进行移动路径规划,并基于移动路径处理任务在边缘服务器之间的迁移决策,同时保持服务的连续性是应用计算卸载技术的另一挑战。

针对该问题,Chen 等[165]提出了基于 Cloudlet 的移动医疗模型。该模型从 Cloudlet 中寻找服务,利用 Cloudlet 平台卸载计算任务,只有当 Cloudlet 中没有该服务时,用户才会连接到医疗云,从而最小化整体延迟。Zhao 等[166]考虑了一个健康状态检测的边缘计算场景,设定智能手环或智能眼镜等可穿戴设备为移动终端,在移动终端动态移动时,将采集到的数据形成可拆分卸载任务,再上传至周围的边缘服务器,以实现同时向多个边缘服务器进行卸载。Nadembega[167]在应用计算卸载技术的前提下,通过任务迁移来保证服务的连续性。Wang 等[168]则通过用户轨迹的统计信息预测用户将要到达的下一个边缘服务器区域,从而提前将数据传输至新的边缘服务器。Zhu 等[169]则先将所有任务先全部分配在移动终端执行,在终端移动过程中若存在可卸载边缘服务器资源则将任务卸载至边缘端执行。然而,尽管上述研究探索了移动边缘环境下基于位置变换的计算卸载和任务调度技术,但由于给予了较多限制条件,其研究仍需深入探索,尤其在智慧医疗场景下,现有计算卸载技术的不足之处更为凸显。

在智慧医疗场景下,患者常常处于移动状态,特别在运动监控或医院急救流程等应用背景下,患者更为需要移动智慧医疗服务来保证长期健康监控和实时数据分析[170]。因此,智慧医疗对于考虑终端移动性的计算卸载技术需求较其他应用场景而言尤为迫切,而目前缺乏基于终端移动感知的医疗服务工作流计算卸载技术的研究[171]。

综上可见,现有计算卸载算法在不同的移动边缘计算场景下考虑了用户的移动性对卸载决策结果的影响,但一方面移动终端轨迹的准确预测需要构建高复杂度的机器学习算法,算法时延使得任务负载在边缘服务器之间较难实现无缝切换,而降低预测算法精度又可能导致数据传输的浪费;另一方面,任务迁移给网络链路造成了很大的负担,进行任务卸载或迁移决策时,需要充分考虑任务迁移代价和边缘服务器无线信号覆盖区域等因素,并构建基于移动感知的计算卸载决策模型。以智慧医院急救流程为例,在患者移动时智慧病床对其体征数据进行实时监控和分析,在进行卸载决策时,应充分考虑智慧病床的位置和移动路径,结合边缘服务器的无线网络信号模型、工作流任务依赖关系和任务迁移代价,从全局角度综合考虑任务在云端、边缘服务器和本地的执行效益,合理地分配计算资源,设计基于动态商空间理论的任务卸载模型,在可选路径中搜索满足用户响应时间约束,且移动端能耗最低的最佳路径和相应的任务卸载、调度方案。

## 7.2　边缘环境下基于动态商空间信任模型的任务卸载策略

### 7.2.1　问题建模

在移动边缘计算环境中,设定$BW_{es_j}$为边缘服务器$es_j$的传输带宽,则移动终端与边缘服务器$es_j$之间的瞬时数据传输速率可表示为

$$R_{es_j} = BW_{es_j} \log_2 \left[ 1 + f_{SNR}(d_j) \right] \tag{7.1}$$

其中,$f_{SNR}(d_j)$为传输信噪比[9],$d_j$为移动终端和边缘服务器$es_j$之间的距离。

以智慧医疗场景下一个简单的患者理化指标监控工作流为例进行阐述,如图7.2所示,该工作流包括6个任务,各任务负载与数据量如表7.1所示。假定云数据中心虚拟机、边缘服务器虚拟机以及移动终端的执行速率分别为8 GHz、3 GHz和1 GHz,可信度分别为0.9、0.7和0.8;云数据中心和边缘服务器的数据传输速率分别为15 MB/s和30 MB/s;响应时间约束为10 s。

表 7.1　任务负载与数据量

| 节点编号 | 任务量(GHz) | 输入数据量(MB) | 输出数据量(MB) |
| --- | --- | --- | --- |
| $w_1$ | 1.5 | 5 | 5 |
| $w_2$ | 1.5 | 5 | 3 |
| $w_3$ | 2 | 5 | 2 |

续表

| 节点编号 | 任务量(GHz) | 输入数据量(MB) | 输出数据量(MB) |
|---|---|---|---|
| $w_4$ | 4.5 | 5 | 2 |
| $w_5$ | 1.5 | 3 | 1 |
| $w_6$ | 3 | 5 | 5 |

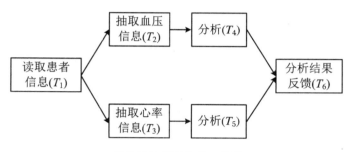

(a) 患者理化指标监控工作流

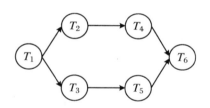

(b) 抽象工作流DAG图

**图 7.2　工作流示例**

　　基于表 7.1 所示的工作流实例,首先计算不卸载、完全卸载、部分卸载和多重卸载四种卸载方案所需时间,再根据云数据中心虚拟机、边缘服务器虚拟机以及移动终端预先假定的可信度值,计算其可靠卸载的适应度。

　　如图 7.2 所示,4 种方案的任务完成时间分别为 14 s、6.33 s、8.73 s、6.72 s,其中不卸载方案不满足任务响应时间约束,导致任务执行失败。根据移动边缘环境下计算资源的可信度,计算可靠卸载适应度分别为 17.5、9.04、11.67、8.86,因此采用多重卸载方案较为适合。实际上,其他三类计算卸载策略可作为多重卸载策略的特殊形式,包含于图 7.3 所示移动边缘计算环境中多重卸载策略的解空间。

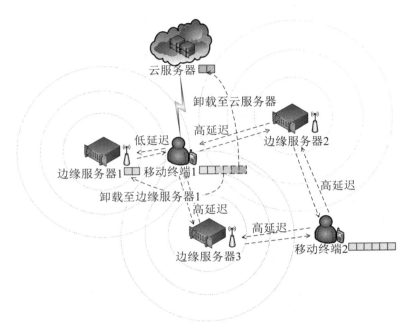

**图 7.3　移动边缘计算环境**

## 7.2.2　可靠多重计算卸载策略

在移动边缘计算环境中,由于边缘服务器、大量移动终端以及网络通信链路的不可靠性不可避免,而现有计算卸载策略仅考虑了能耗和时延优化,没有对移动边缘计算环境中计算资源的可靠性进行评估。因此,本章在文献[170]构造的多重计算卸载模型的基础上,提出一种基于信任模型的可靠多重计算卸载策略,该策略能使应用任务分配到值得信任的计算资源上执行,同时尽可能减小任务执行时间。

### 1. 信任模型

参考社会学的人际关系信任模型,信任是对个体可信行为的一种评估,而个体的可信程度往往由其他个体的推荐信息所决定。移动边缘计算环境下的"信任"和人际关系信任模型有很大的相似性。例如移动终端 $A$ 附近存在边缘服务器 $B_1$、$B_2$ 和 $B_3$,移动终端 $A$ 会根据其与 $B_1$、$B_2$ 和 $B_3$ 的协作成功与否,以及 $B_1$、$B_2$ 和 $B_3$ 的具体性能,选择合适的边缘服务器进行计算卸载。与此同时,信任关系并不是恒定不变的,而是在进行着动态变化。正如在社交网络中,个体对其他个体的了解会随着时间的推移和交互的增多而逐步稳定,在移动边缘计算环境中移动终端 $A$ 也会根据协作的成功与否逐步改变、调整对其他计算资源的信任度。下文中,根据边缘服务器、云服务器以及移动终端的不同任务执行特性,分别给出其可信度计算方法。

（1）边缘服务器可信度

为简化信任模型,本章考察在一个时间段内,同一背景下移动边缘计算环境中的计算资源可信度问题。如图 7.4 所示,当任务卸载至边缘服务器时,设有移动终端 $MT$ 和可卸载边缘服务器集合 $\{es_1, es_2, \cdots, es_j, \cdots, es_v\}$,当 $MT$ 和某一边缘服务器 $es_j$ 有直接交互时,可评估其直接交互成功的概率,称为直接信任度评估,以 $\Phi_{es_j}^{dt}$ 表示。若 $MT$ 和 $es_j$ 的直接交互较少,样本数量不足以评估 $es_j$ 的可信度时,如果 $MT$ 和 $es_j$ 之间还可以通过边缘服务器 $es_k$ 作为推荐节点来产生联系,则称为推荐信任度评估,以 $\Phi_{es_j}^{rt}$ 表示。因而,设 $n_0$ 为信任度评估所需要的最小样本容量,则 $MT$ 对边缘服务器 $es_j$ 的信任度评估 $\Phi_{es_j}$ 由式(7.2)给出:

$$\Phi_{es_j} = \begin{cases} \Phi_{es_j}^{dt}, & n \geqslant n_0 \\ f(\lambda \cdot \Phi_{es_j}^{dt} + (1-\lambda) \cdot \Phi_{es_j}^{rt}), & n < n_0 \end{cases} \tag{7.2}$$

其中,$n$ 为 $MT$ 对边缘服务器 $es_j$ 的直接交互样本数;$\lambda \in (0,1)$,为信任度调节因子,表明对直接信任度和推荐信任度的相信程度。

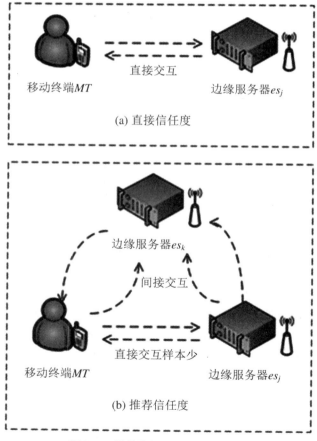

图 7.4　计算资源之间的信任关系

① 直接信任度计算

本章采用 Bayes 方法评估移动终端 $MT$ 和边缘服务器 $es_j$ 之间的直接信任度。

设 $MT$ 和 $es_j$ 之间存在 $n$ 次交互,使用二项事件描述其交互结果(交互成功/交互失败),其中成功次数为 $\alpha$ 次,失败次数为 $\beta$ 次,则将直接信任度 $\Phi_{es_j}^{dt}$ 定义为第 $n+1$ 次交互成功的概率。

假定 $MT$ 和 $es_j$ 之间交互成功的先验概率 $p$ 为随机变量,服从 $(0,1)$ 之间的均匀分布。设命题 $X$ 为 "$n$ 次交互出现 $\alpha$ 次成功交互的概率",其概率 $P(A \mid p) = \int_0^1 p^\alpha (1-p)^\beta \mathrm{d}p$,则后验概率密度函数 $f(p|X)$ 表示对事件 $X$ 的更新信息,推导可知此时 $p$ 的后验概率密度函数服从二项分布 $\mathrm{Beta}(\alpha+1, \beta+1)$。

设命题 $Y$ 为 "已知 $n$ 次交互出现 $\alpha$ 次成功交互,第 $n+1$ 次交互结果也为成功",则该交互概率密度函数的期望值,即可表达对目标资源未来成功交互概率的预测,为交互样本的直接信任度,如式(7.3)所示:

$$\Phi_{es_j}^{dt} = P(Y) = E(\mathrm{Beta}(p \mid \alpha+1, \beta+1))$$

$$= \int_0^1 p \frac{(n+1)!}{(n-\alpha)! \alpha!} p^\alpha (1-p)^\beta \mathrm{d}p = \frac{\alpha+1}{n+2} \tag{7.3}$$

然而,如上文所述,当 $MT$ 和 $es_j$ 之间没有进行交互或者交互次数过少时,样本数量不足以支持信任值评估,因此需要计算最小样本容量 $n_0$。本章根据区间估计给出 $n_0$ 的计算方法。

令 $(\Phi_{es_j}^{dt} - \delta, \Phi_{es_j}^{dt} + \delta)$ 为置信区间,$\delta$ 为误差,则置信度 $\gamma$ 满足式(7.4):

$$\gamma = P(\Phi_{es_j}^{dt} - \delta < \Phi_{es_j}^{dt} < \Phi_{es_j}^{dt} + \delta)$$

$$= \frac{\Gamma(\alpha)\Gamma(\beta)}{\Gamma(\alpha+\beta)} \cdot \int_{\Phi_{es_j}^{dt} - \delta}^{\Phi_{es_j}^{dt} + \delta} p^{(\alpha-1)} (1-\theta)^{(\beta-1)} \mathrm{d}p \tag{7.4}$$

本章首先选择置信度阈值 $\gamma_0$,再通过该置信度阈值计算最小样本容量 $n_0$,如式(7.5)所示:

$$n_0 \geqslant -\frac{1}{2\delta^2} \ln\left(\frac{1-\gamma_0}{2}\right) \tag{7.5}$$

② 推荐信任度计算

如图 7.4(b)所示,在进行推荐信任度计算时,由于推荐信息是由两类直接交互信息构成,且两类交互信息满足独立同分布。因此,推荐信任度的计算仍可使用上述方法。

设移动边缘计算环境中,移动终端 $MT$ 和边缘服务器 $es_k$ 之间交互次数为 $n_1$,其中成功交互 $\alpha_1$ 次,失败交互 $\beta_1$ 次;边缘服务器 $es_k$ 与边缘服务器 $es_j$ 之间交互次数为 $n_2$,其中成功交互 $\alpha_2$ 次,失败交互 $\beta_2$ 次,则移动终端 $MT$ 通过边缘服务器 $es_k$ 对边缘服务器 $es_j$ 的推荐信任度评估值 $\Phi_{es_j}^{rt}$ 为

$$\Phi_{es_j}^{rt} = E[\mathrm{Beta}(p \mid \alpha_1 + \alpha_2 + 1, \beta_1 + \beta_2 + 1)] = \frac{\alpha_1 + \alpha_2 + 1}{n_1 + n_2 + 2} \tag{7.6}$$

③ 信任度更新

由于移动边缘环境下数据传输具有实时性和动态性等特点,计算资源的信任

值应周期性更新。此外,历史信息对信任更新所产生的影响也是不同的,邻近的历史交互信息应具有更大的影响力。针对上述问题,本章引入时间滑动窗口(time sliding window),采用时间分段的概念对信任值进行更新,时间段(time segment, TS)可以为1小时、1天或1月,应根据具体的应用环境进行设置。如图7.5所示,设时间段集合$\{TS_1, TS_2, \cdots, TS_n\}$为第1个有效时间滑动窗口,时间段集合$\{TS_m, TS_{m+1}, \cdots, TS_{m+n}\}$为第$m$个有效时间滑动窗口,$\alpha_l$和$\beta_l$为当前有效时间滑动窗口中第$l$时间段的交互成功与失败次数记录。则对于时间滑动窗口$m$而言,时间段集合$\{TS_1, TS_2, \cdots, TS_{m-1}\}$内的历史交互记录不予考虑,且式(7.3)中的交互成功次数与失败次数更新为1个有效时间滑动窗口内考虑时间衰减因子的交互成功$\alpha^{\text{new}}$及失败次数$\beta^{\text{new}}$:

$$\begin{cases} \alpha^{\text{new}} = \displaystyle\sum_{l=1}^{m} \alpha_l \cdot \eta^{(m-l)} \\ \beta^{\text{new}} = \displaystyle\sum_{l=1}^{m} \beta_l \cdot \eta^{(m-l)} \end{cases} \tag{7.7}$$

其中,$\eta$为时间衰减因子,且$0 \leqslant \eta \leqslant 1$,表示对历史交互信息的重视程度。

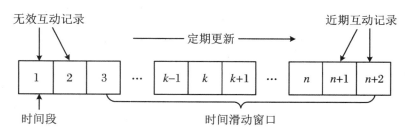

**图7.5　时间滑动窗口**

(2) 云服务器可信度

当任务卸载至云服务器时,一般认为在移动边缘计算环境中,云数据中心虚拟机是可靠的。然而,任务执行所需数据需要通过通信链路进行传输,因此应对通信链路的数据传输可信度进行评估。设有移动终端$MT$和云服务器$CC$之间存在$n$次交互,其中成功交互$\alpha$次,失败交互$\beta$次,$n_0$为信任度评估所需要的最小样本容量。当$n \geqslant n_0$时,云服务器的直接信任度$\Phi_\alpha^{dt}$由式(7.3)进行评估;而当$n \leqslant n_0$时,由于移动终端与云服务器之间不存在推荐节点,增加样本容量的方法为搜集其他相似的移动终端与云服务器之间的交互记录(按照相似度进行排序,达到最小样本容量$n_0$则停止搜索),再按照式(7.6)计算推荐信任度$\Phi_\alpha^{rt}$,最后通过式(7.8)进行综合。

$$\Phi_\alpha = \begin{cases} \Phi_\alpha^{dt}, & n \geqslant n_0 \\ f(\lambda \cdot \Phi_\alpha^{dt} + (1-\lambda) \cdot \Phi_\alpha^{rt}), & n < n_0 \end{cases} \tag{7.8}$$

对于移动终端$MT_i$和$MT_j$,本章通过余弦相似性公式度量其相似度$sim(MT_i, MT_j)$,计算公式如下:

$$sim(MT_i, MT_j) = \frac{\sum\limits_{k=1}^{4} d_{i,k} \times d_{j,k}}{\sqrt[2]{(\sum\limits_{k=1}^{4}(d_{i,k})^2) \times (\sum\limits_{k=1}^{4}(d_{j,k})^2)}} \qquad (7.9)$$

其中，$d_{i,k}$ 和 $d_{j,k}$ 分别表示移动终端 $MT_i$ 和 $MT_j$ 的第 $k$ 项属性（$1 \leqslant k \leqslant 4$），分别取移动终端的计算能力、内存大小、传输带宽以及移动终端的网络带宽占用率。

（3）移动终端可信度

当任务不进行卸载时，即不存在数据传输问题。然而，移动终端执行应用任务仍存在失效风险，因此应对移动终端的任务执行可信度进行评估。设移动终端 $MT$ 执行 $n$ 次应用任务，其中成功执行 $\alpha$ 次，失败执行 $\beta$ 次，$n_0$ 为信任度评估所需要的最小样本容量。当 $n \geqslant n_0$ 时，移动终端的直接信任度 $\varPhi_{mt}^{dt}$ 由式（7.3）进行评估；而当 $n \leqslant n_0$ 时，搜集其他相似属性的移动终端的任务执行记录以增加样本容量，再按照式（7.6）计算推荐信任度 $\varPhi_{mt}^{rt}$，最后通过式（7.10）进行综合。

$$\varPhi_{mt} = \begin{cases} \varPhi_{mt}^{dt}, & n \geqslant n_0 \\ f(\lambda \cdot \varPhi_{mt}^{dt} + (1-\lambda) \cdot \varPhi_{mt}^{rt}), & n < n_0 \end{cases} \qquad (7.10)$$

对于移动终端 $MT_i$ 和 $MT_j$，仍通过余弦相似性公式度量其相似度，计算公式如下：

$$sim(MT_i, MT_j) = \frac{\sum\limits_{k=1}^{5} d_{i,k} \times d_{j,k}}{\sqrt[2]{(\sum\limits_{k=1}^{5}(d_{i,k})^2) \times (\sum\limits_{k=1}^{5}(d_{j,k})^2)}} \qquad (7.11)$$

其中，$d_{i,k}$ 和 $d_{j,k}$ 分别表示移动终端 $MT_i$ 和 $MT_j$ 的第 $k$ 项属性（$1 \leqslant k \leqslant 5$），分别取移动终端的计算能力、内存大小、传输带宽、CPU 利用率以及内存占用率。

**2. 基于多重计算卸载策略的时间开销计算**

在移动边缘计算环境下工作流的中各任务可选择在移动终端进行计算，也可选择将任务卸载至边缘服务器或云服务器进行计算，下面分别对移动终端、边缘侧和云端在任务执行、数据传输过程中产生的时间开销进行计算。

**定义 7.1**　当任务 $w_i$ 不进行卸载时，需要考虑任务在移动终端上执行所产生的时间开销，令 $f_{mt}$ 表示移动终端的计算能力，时间开销可表示为

$$T_{w_i}^{mt} = \frac{l_i}{f_{mt}} \qquad (7.12)$$

**定义 7.2**　将任务 $w_i$ 卸载至边缘服务器 $es_j$ 时，需要考虑任务所需数据的发送时间、数据返回移动终端的接收时间以及任务在边缘服务器上的执行时间，其时间开销可表示为

$$T_{w_i}^{es_j} = \frac{IN_{w_i}}{R_{es_j}} + \frac{OUT_{w_i}}{R_{es_j}} + \frac{l_i}{f_{es_j}} \qquad (7.13)$$

其中，当任务 $w_i$ 的所有前驱任务已卸载至边缘服务器 $es_j$ 时，任务 $w_i$ 的数据发送时间为 0；当任务 $w_i$ 的后继任务仍在边缘服务器 $es_j$ 时，其数据返回时间为 0。若卸载

时边缘服务器已被占用,则时间开销$(T_{w_i}^{es})^{new}=T_{w_i}^{es}+T_{ot}^{es}$,$T_{ot}^{es}$为边缘服务器$es_j$执行其他应用任务的占用时间,即为任务$w_i$的等待时间。

**定义 7.3**　将任务$w_i$卸载至云服务器时,与边缘服务器相似,需要考虑任务所需数据的发送时间和数据返回移动终端的接收时间以及任务在云服务器上的执行时间,其时间开销可表示为

$$T_{w_i}^{\alpha}=\frac{IN_{w_i}}{R_{\alpha}}+\frac{OUT_{w_i}}{R_{\alpha}}+\frac{l_i}{f_{\alpha}} \tag{7.14}$$

其中,当任务$w_i$的所有前驱任务已卸载至云服务器时,任务$w_i$的数据发送时间为0;当任务$w_i$的后继任务仍在云服务器执行时,其数据返回时间为0。

**定义 7.4**　工作流时间开销。根据多种任务卸载策略,工作流调度完成后的总时间开销由式(7.12)、式(7.13)和式(7.14)综合可得

$$T_{sum}=\sum_{w_i\in\alpha}T_{w_i}^{\alpha}+\sum_{w_j\in es}T_{w_j}^{es}+\sum_{w_k\in mt}T_{w_k}^{mt} \tag{7.15}$$

## 7.2.3　基于可靠多重计算卸载策略的粒子群任务调度算法

本节首先针对移动边缘计算环境中不同的计算卸载方案设计其可靠卸载适应度计算方法,然后在可卸载边缘服务器集合中选择可靠卸载适应度最高的边缘服务器作为任务卸载候选,最后使用可靠卸载适应度评价任务调度方案的可靠性与任务执行时间,结合工作流管理系统,提出了基于可靠多重卸载策略的粒子群任务调度算法。

### 1. 可靠卸载适应度计算

针对多重计算卸载方案,设计可靠多重卸载适应度计算方法如式(7.16)所示

$$fitness=(\Phi_{mt})^{-\theta_i}*\sum_{w_i\in\alpha}T_{w_i}^{\alpha}+(\Phi_{es})^{-\theta_j}*\sum_{w_j\in es}T_{w_j}^{es}+(\Phi_{\alpha})^{-\theta_k}*\sum_{w_k\in mt}T_{w_k}^{mt}$$

$$\tag{7.16}$$

其中,$\theta_i$、$\theta_j$、$\theta_k$分别表示任务$w_i$、$w_j$、$w_k$对移动终端、边缘服务器和云服务器信任的服务质量因子,且$\theta_i,\theta_j,\theta_k\geqslant1$,当服务质量因子增大时,表明任务对计算资源的信任程序要求增加。因此,算法具有较强的灵活性,通过合理设置信任服务质量因子,可以满足不同的可靠性需求。

式(7.16)给出的可靠卸载适应度计算方法是在满足工作流任务执行相应时间约束下,衡量任务调度方案可靠性,适应度越大的调度方案,对应的可靠性就越低,反之则越高。

### 2. 可卸载边缘服务器选择

设移动终端附近可卸载边缘服务器集合为$\{es_1,es_2,\cdots,es_u\}$,则应先为工作流DAG图中入度为0的各并发应用任务$\{w_1,w_2,\cdots,w_v\}$选择当前可靠卸载适应度最小的边缘服务器作为各任务卸载的候选边缘服务器,组成(任务-候选边缘服务器)对,基于信任模型的可卸载边缘服务器选择算法如下:

| 算法 1 | 基于信任模型的可卸载边缘服务器选择算法 |
| --- | --- |
| 输入 | 工作流任务集合 $W = \{w_1, w_2, \cdots, w_v\}$，可卸载边缘服务器集合 $ES = \{es_1, es_2, \cdots, es_u\}$ |
| 输出 | 可卸载边缘服务器序列 $L_{assign}$ |

1　for each $es_j \in ES$

2　$\{\Phi_{es_j} = \text{Evaluate}(\Phi_{es_j}^{dt}, \Phi_{es_j}^{rt})$；//计算每个可卸载边缘服务器的综合可靠度

3　$\}//\text{end for each } es_j \in ES$

4　$T_p \leftarrow \{w_i \mid \text{indegree}(w_i) = 0, 1 \leqslant i \leqslant v\}$；//将任务 DAG 图中入度为 0 的任务放置于任务队列之中

5　$L_{assign} \leftarrow NULL$；　//任务-候选边缘服务器对初始化

6　$L_{execution} \leftarrow T_p$；　//候选并行任务队列初始化

7　Do until $L_{execution} = NULL$

8　$\{\text{For each } w_i \in L_{execution}$

9　$\{\text{if distance} < D_0$　//与移动终端距离超过 $D_0$ 不列举为候选边缘服务器

10　$\{fitness = \text{CountFitness}(W, ES)$；//计算各任务与候选边缘服务器的可靠卸载适应度

11　$(w_i, es_j) \leftarrow \text{select}(ES) \wedge \min[fitness(W, ES)]$；//为任务 $w_i$ 选择当前可靠卸载适应度最小的边缘服务器 $es_j$

12　$L_{assign} \leftarrow L_{assign} + \{(w_i, es_j)\}$；

13　$L_{execution} \leftarrow L_{execution} - \{w_i\}$；

14　For each immediate successor task $w_s$ of task $w_i$

15　$\{\text{indegree}(w_s) = \text{indegree}(w_s) - 1$；

16　If indegree$(w_s) = 0$

17　$L_{execution} \leftarrow L_{execution} + \{w_s\}$；

18　$\}//\text{End for each immediate successor task } w_s \text{ of task } w_i$

19　$\}//\text{End if}$

20　$\}//\text{End for each } w_i \in L_{execution}$

21　$\}//\text{End do until } L_{execution} = NULL$

22　$\}$

算法首先对移动终端无线信号接收范围内边缘服务器的综合信任度进行计算,将工作流 DAG 图中入度为 0 的任务输入任务执行队列 $L_{execution}$ 进行初始化(第2 行~第 6 行);之后,对于 $L_{execution}$ 中的任务 $w_i$,计算其与候选边缘服务器的可靠卸载适应度,再基于贪心算法思想选择当前可靠卸载适应度最小的边缘服务器 $es_j$ 组成 $(w_i, es_j)$ 对(第 7~12 行);最后将已配对任务 $w_i$ 从 $L_{execution}$ 中去除,并将当前入度为 0 的任务 $w_s$ 加入任务执行队列(第 13~17 行),直至任务执行队列为空。算法内层基于贪心算法思想,在可卸载边缘服务器集合中为任务 $w_i$ 选择可靠卸载适应度最小的计算资源 $es_j$,假定可卸载边缘服务器数量为 $u$,任务数为 $v$,则算法的时间复杂度为 $O(uv)$。

**3. 基于可靠多重计算卸载策略的粒子群任务调度算法**

根据移动边缘计算环境下的可靠多重计算卸载策略及可卸载边缘服务器选择算法,本章提出一种基于可靠多重计算卸载策略的粒子群任务调度算法,描述如下:

| 算法 2 | 基于可靠多重计算卸载策略的粒子群任务调度算法 |
|---|---|
| 输入 | 工作流任务 $W = \{w_1, w_2, \cdots, w_v\}$,可卸载边缘服务器序列 $L_{assign}$,可卸载边缘服务器 ES,云服务器虚拟机 CC,移动终端 MT,响应时间 $t_{response}$,迭代次数 |
| 输出 | 可靠卸载任务调度方案 $p_{best}$ |
| 1 | for each $i \in (1, k)$ |
| 2 | {RandomInit$(TS_i, v_i, d_i)$;//初始化任务调度方案 $TS_i$,搜索速度 $v_i$ 及卸载决策 $d_i$ |
| 3 | }//end for each $i \in (1, k)$ |
| 4 | for each $i \in (1, k)$ |
| 5 | {$p_{TS} \leftarrow$ Calculate$(TS_i)$;  //计算初始分配方案的适应度值 |
| 6 | }//end for each $i \in (1, k)$ |
| 7 | $p_{best}$ = optimize$(p_{TS})$;  //选出初始全局最优分配方案 |
| 8 | for each $i \in (1, Num)$  //设置迭代次数 $Num$ |
| 9 | { update resource scheduling scheme;  //根据搜索速度更新所有调度方案,为各任务更新卸载决策 |
| 10 | for each $j \in (1, k)$ |
| 11 | {$p_{TS}$ = Calculate$(TS_j)$;  //计算各调度方案的适应度 |
|  | }//end for each $j \in (1, k)$ |
| 12 | $p_{TS}^{best}$ = optimize$(p_{TS})$;  //计算全局最优任务分配方案 |

续

| 算法 2 | 基于可靠多重计算卸载策略的粒子群任务调度算法 |
|---|---|
| 13 | update inertia factor　//更新惯性因子 |
| 14 | update searching speed　//更新搜索速度 |
| 15 | }//end for each$i \in (1, Num)$ |
| 16 | Return $p_{\text{best}}$ |

在算法初始阶段,初始化任务调度方案、粒子搜索速度以及计算卸载决策方案(第 1～6 行)。在算法迭代阶段,根据各调度方案搜索速度更新调度方案,为每一任务更新其卸载决策并计算适应度,进而依据计算结果选出适应度最低的全局最优任务调度方案(第 8～12 行)。之后,进一步根据自适应惯性权重策略更新惯性权重值以及调度方案搜索速度,在达到迭代次数后得出用户响应时间约束下的最优任务调度方案(第 12～16 行)。假定算法调度方案数量为 $N$,算法迭代次数为 $k$,任务数为 $v$,则算法的时间复杂度为 $O(Nkv)$。

## 7.2.4　仿真实验及分析

为了分析和评估本章提出的 TBMO 算法性能,我们在 MATLAB R2015b 环境下进行了仿真实验。实验相关参数设置如下:工作流任务图随机生成,工作流各任务的数据量服从[1～5 GHz]的均匀分布,每个任务的输入输出服从[1～15 Mb]的均匀分布[20]。移动终端的计算能力设置为 1 GHz,与云数据中心的数据传输速率为 5 Mb/s,与边缘服务器的传输速率同信噪比及通信距离相关[169]。边缘服务器计算能力服从[2～4 GHz]的均匀分布,与移动终端之间的距离为服从正态分布的随机值[169]。云服务器的处理能力为 8 GHz,用户响应时间约束为工作流任务在处理能力为 1.4 GHz 虚拟机上平均执行时间的 2 倍[170]。

设置网络通信链路失效事件以及移动终端应用任务执行失效事件服从Weibull 分布,其形状参数 $k$ 为 0.75,尺度参数为 $\lambda$ 为 60,设定刚失效资源近期再次发生失效的频率在 1～3 之间满足均匀分布;设置边缘服务器总数的 20% 和30% 虚拟机为不合作节点,在分配到任务时分别以 80% 和 50% 概率执行任务失败。

设置本章提出的 TBMO 算法中,式(7.5)中 $\delta$ 的取值为 0.1,$\gamma_0$ 的取值为 0.95,式(7.16)中的信任服务质量因子均取 1。在以下实验中,本章首先对信任模型的有效性进行讨论,然后在不同可卸载边缘服务器数量以及不同任务数的情况下,对TBMO 算法的任务执行成功率和时间开销进行比较。在所有仿真试验中实验结果采用 10 次实验的平均值。

**1. 信任模型的有效性**

在本节的实验中,首先对信任模型的有效性进行讨论,主要实验内容包括信任合并函数中的信任度调节因子 $\lambda$ 及式(7.7)中的时间衰减因子 $\eta$。实验参数设置如下:为简化模型,选择线性函数 $\Phi=\lambda\Phi_{dt}+(1-\lambda)\Phi_{rt}$ 为信任度合并函数,同时指定计算资源 $A$ 的初始直接信任度为 0.5,通过其他计算资源与 $A$ 的间接交互信息来产生推荐信任度,重新评估 $A$ 的综合信任度,实验结果如图 7.6 所示。当 $\lambda$ 取值为 1 时,即为不考虑推荐信息,$A$ 的信任度始终保持在 0.5;而当 $\lambda$ 取值为 0.1 时,$A$ 的信任度增长速度较 $\lambda=0.5$ 时更快;$\lambda$ 取值为 0.5 时,当推荐节点数达到 13 时,$A$ 的信任度已趋于稳定,而 $\lambda=0.1$ 时则需要增加至 18 个推荐节点才可趋于稳定。

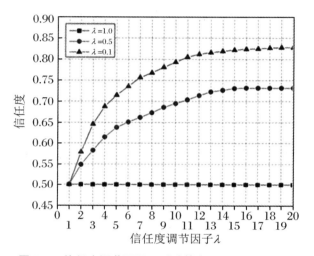

**图 7.6 信任度调节因子 $\lambda$ 对计算资源信任度的影响**

为考察构建的信任模型对历史数据动态变化的敏感性,本章引入了时间衰减因子 $\eta$ 和时间滑动窗口。在下面的实验中,首先将时间划分为 20 个时间段,在前 10 个时间段中,每个时间段推荐给资源 $A$ 偏正面的交互信息,而后 10 个时间段中,每个时间段则推荐给资源 $A$ 偏负面的交互信息。实验中时间滑动窗口由 6 个时间段组成,时间衰减因子取值分别为 0、0.5 和 1,实验结果如图 7.7 所示。

由图 7.7 可见,当时间衰减因子 $\eta=0$ 时,即只考虑最近的一个时间段的推荐信息,计算资源 $A$ 的信任度能够直观地反映最近阶段计算资源的交互结果。然而,正如在人类社交网络中,信任值应当是相对稳定而连续变化的,图 7.7 中在 $\eta=0$ 时 $A$ 的信任度波动显然过大。当 $\eta=1$ 时,相当于未考虑时间衰减因子,可以看出资源 $A$ 的信任度在时间段小于 10 时,其信任度变化和图 7.6 类似,而当时间段大于 10 时,信任度下降较 $\eta=0.5$ 时明显缓慢,说明了时间衰减因子和时间滑动窗口能够有效地提升信任模型的动态性,在应对 On-Off 攻击等恶意攻击行为时,也更为敏感。在下面的实验中,设置 $\lambda=0.6,\eta=0.6$。

**2. 可卸载边缘服务器数量对算法性能的影响**

本实验考察移动终端附近可卸载边缘服务器数量变化对 TBMO 算法的影响。工作流中应用任务数量为 10、50、100 的 3 个工作流分别记为 workflow_10,work-

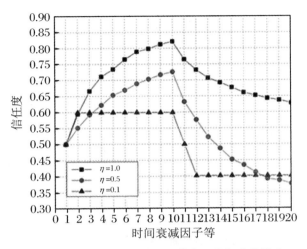

**图 7.7　时间衰减因子 $\eta$ 对计算资源信任度的影响**

flow_50 和 workflow_100,可卸载边缘服务器的数量变化范围为[1,10],实验从任务平均执行成功率和任务平均完工时间两个方面进行比较。

　　实验结果如图 7.8、图 7.9 所示,由图可见,随着边缘服务器数量的增多,任务执行成功率也相应增加,而时间开销逐步减少。值得注意的是,当可卸载边缘服务器数量大于 5 后,任务执行成功率的增长速度和时间开销的减少率都明显变缓。这是因为任务调度受到了工作流 DAG 图结构的限制,任务之间的偏序关系导致工作流的并发数低于计算资源的数量,从而导致部分计算资源空闲。因此,在部署边缘服务器时应根据应用任务的类型和实际环境情况部署适当的可卸载边缘服务器数量与位置。

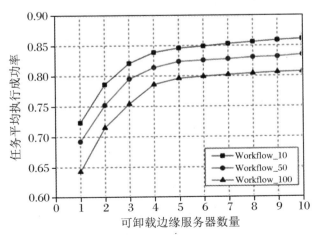

**图 7.8　可卸载边缘服务器数量对任务平均执行成功率的影响**

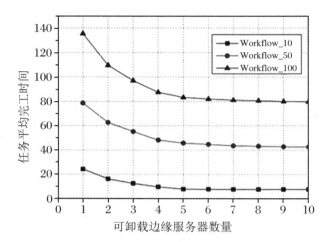

**图 7.9 可卸载边缘服务器数量对任务平均完工时间的影响**

### 3. 不同任务数情况下的算法性能分析

本实验在不同任务数的情况下,对本章提出的 TBMO 算法和 TAA(task assignment algorithm)算法[5]从任务平均执行成功率和任务平均完工时间两个方面进行比较。

实验结果如图 7.10、图 7.11 所示。由图 7.10 可见,随着任务数量的增加两种算法的任务平均执行成功率都略有降低,而 TBMO 算法的任务执行成功率降低较多,这是由于当并发任务较多时,算法只有将部分任务卸载到相对并不十分可信的计算资源上执行。从整体来看,TBMO 算法的任务平均执行成功率远高于 TAA 算法,表明了本章提出可靠多重卸载决策的有效性。从图 7.11 可见,TBMO 算法的任务平均完工时间比 TAA 算法略长,这是由于 TAA 算法仅以任务平均完工时

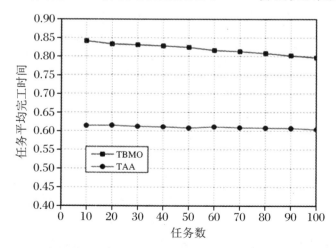

**图 7.10 不同任务数情况下 TBMO 算法和 TAA 算法的任务平均执行成功率比较**

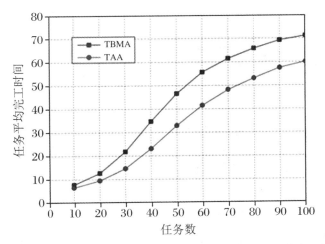

图 7.11　不同任务数情况下 TBMO 算法和 TAA 算法的任务平均完工时间比较

间为优化目标。但应注意到 TBMO 算法比 TAA 算法提升了 35.8% 的任务平均执行成功率,而只增加了 18.8% 的任务平均完工时间,说明了基于信任模型的卸载策略能够有效地保障任务的执行,其代价是牺牲一定的任务执行时间。

## 7.3　基于节点位置变化的任务卸载策略

### 7.3.1　问题建模

#### 1. 智慧医疗场景

智慧医院手术及术后监护是典型的智慧医疗场景,图 7.12 所示为实际医院手术室与术后监护区域图。为防止拥堵,通常医院会预先设定若干条备选路径,且智慧病床在移动过程中保持匀速。当患者手术完毕后处于移动智慧病床之上,应选择适当路径前往术后监护室。

在移动过程中,智慧病床应对患者的体征数据进行实时监控和分析,由于体征监测和分析任务往往计算量较大,为了降低智慧医疗场景下移动终端能耗,同时保证体征监控任务在其任务约束时间约束内完成,应考虑将任务卸载至合适的计算资源。本章首先对智慧医疗场景进行建模描述(为简化模型,将图 7.12 所示的智慧医疗场景转化为图 7.13 所示的剖面图,并划分为若干网格),再构建智慧医疗场景下移动终端的位置与移动路径模型。图 7.13 所示为医院手术室与术后监护区域平面图,图中已标注边缘服务器、手术室和监护室位置,同时使用虚线标出从手术室至监护室的两条备选路径(实际情况中可能存在多条备选路径),备选移动路径定义如下：

**图 7.12　智慧医院及移动路径剖面图**

**定义 7.5**　备选移动路径由 $num$ 个具有偏序关系的网格位置坐标组成，定义路径 Path＝{coordinate$_i$ | coordinate$_i$＝$(x_i, y_i)$，$i \in num$}。如图 7.13 所示，coordinate$_i$ 为路径中第 $i$ 个网格的位置坐标，其中 $x_i$ 和 $y_i$ 分别表示其横坐标与纵坐标，且满足 $(x_i, y_i)$ 和 $(x_{i+1}, y_{i+1})$ 在平面位置上相邻并可达。

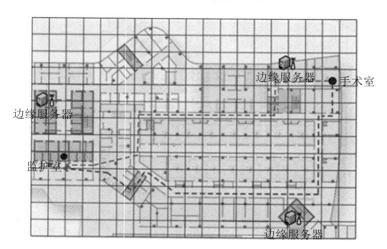

**图 7.13　移动边缘环境下智慧医院及移动路径平面图**

**2. 工作流任务模型**

本章通过一个加权有向无环图（directed acyclic graph，DAG）对移动边缘计算环境下医疗工作流中任务执行的先后依赖关系进行描述。工作流任务、云服务器、边缘服务器和移动终端分别定义如下：

**定义 7.6**　工作流任务集合 $W$ 可表示为三元组，由 $v$ 个具有偏序关系的应用任务组成，$W=\{w_i | w_i=(IN_i, OUT_i, l_i)，i \in u\}$，其中 $w_i$ 为工作流任务中第 $i$ 个任务，$IN_i$ 为任务 $w_i$ 的输入数据量，$OUT_i$ 为任务 $w_i$ 的输出数据量，$l_i$ 为任务负载。工

作流任务之间的依赖关系使用 $V$ 进行描述，$V=\{(w_{pre},w_{succ})\mid w_{pre},w_{succ}\in W\}$，其中 $w_{pre}$ 为前驱任务，$w_{succ}$ 为后继任务。图 7.14 所示为一个简单医疗工作流示例，该工作流包括 6 个任务，其中 $W=\{w_1,w_2,w_3,w_4,w_5,w_6\}$，$V=\{(w_1,w_2),(w_1,w_3),(w_2,w_4),(w_3,w_5),(w_4,w_6),(w_5,w_6)\}$。

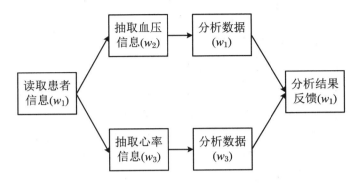

(a) 患者理化指标监控工作流

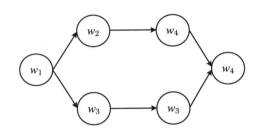

(b) 抽象工作流 DAG 图

**图 7.14　工作流实例及抽象工作流 DAG 图**

**定义 7.7**　云服务器 CC 表示为二元组，$CC=(f_{cc},R_{cc})$，其中 $f_{cc}$ 表示云服务器 CC 的计算能力，$R_{cc}$ 表示云服务器的数据发送和接收速率。

**定义 7.8**　边缘服务器集合 ES 可表示为三元组，由 $u$ 台边缘服务器构成，$ES=\{es_j\mid es_j=(f_{es_j},R_{es_j},BW_{es_j},Loc_{es_j}),j\in[1,u]\}$，其中 $f_{es_j}$ 为边缘服务器 $es_j$ 的计算能力，$R_{es_j}$ 表示数据发送和接收速率，$BW_{es_j}$ 为传输带宽，$Loc_{es_j}$ 为其位置坐标。

**定义 7.9**　移动终端 MT 可表示为二元组，$MT=(f_{mt},P_{mt})$，其中 $f_{mt}$ 为移动终端的计算能力，$P_{mt}$ 为移动终端功率，$P_{mt}=(p_{exec},p_{tra},p_{rec},p_{idle})$，分别表示移动终端的任务执行功率、数据发送功率、数据接收功率和空闲功率。

当工作流任务卸载至边缘服务器时，本章设定任务所需数据在边缘服务器 $es_j$ 上的发送和接收速率 $R_{es_j}$ 与距离及传输带宽 $BW_{es_j}$ 相关，定义如下：

**定义 7.10**　设定 $BW_{es_j}$ 为边缘服务器 $es_j$ 的传输带宽，则移动终端与边缘服务器 $es_j$ 之间的瞬时数据传输速率可表示为

$$R_{es_j}=BW_{es_j}\log_2(1+f_{SNR}(d_j)),\quad d_j\leqslant d_{max} \tag{7.17}$$

其中，$f_{\text{SNR}}(d_j)$ 为传输信噪比[12]，$d_j$ 为移动终端和边缘服务器 $es_j$ 之间的距离，$d_{\max}$ 为最大通信距离。由于在数据传输过程中，数据传输瞬时速率受信噪比的影响，对于各边缘服务器而言，应通过距离计算移动终端与边缘服务器之间的瞬时数据传输速率。为简化模型，本章假定同一网格内的移动终端在和同一边缘服务器进行通信时，其数据传输速率相同。

### 7.3.2　考虑终端移动性的工作流任务卸载能耗模型

当患者手术完毕后处于移动智慧病床之上，此时可能存在多条备选路径前往术后监护室。在进行卸载决策时，应结合智慧病床的移动速度和位置，考虑任务完成时间约束、移动端能耗及任务迁移代价，给出在不同卸载决策情况下的任务卸载能耗模型。本节构建的任务卸载能耗模型由移动终端能耗模型、边缘服务器能耗模型、任务延迟能耗模型、任务迁移能耗模型以及云服务器能耗模型组成。

**1. 移动终端能耗模型**

当任务 $w_i$ 在移动终端执行时，其执行能耗为执行时间与移动终端执行功率 $p_{\text{exec}}$ 的乘积。假设在移动终端上执行的任务数量为 $n_{\text{mt}}$，则移动终端的任务执行时间 $T_{\text{mt}}$ 和总能耗 $E_{\text{mt}}$ 为

$$\begin{cases} T_{\text{mt}} = \sum_{i=1}^{n_{\text{mt}}} \dfrac{l_i}{f_{\text{mt}}} \\ E_{\text{mt}} = p_{\text{exec}} \times \sum_{i=1}^{n_{\text{mt}}} \dfrac{l_i}{f_{\text{mt}}} \end{cases} \tag{7.18}$$

其中，$l_i$ 为任务 $w_i$ 的负载，$f_{\text{mt}}$ 为移动终端的计算能力。

**2. 边缘服务器能耗模型**

当任务 $w_j$ 卸载至边缘服务器时，移动终端能耗由任务所需数据的发送能耗、执行结果数据的接收能耗以及移动终端的空闲能耗（任务在边缘服务器执行时的等待时间）组成。假设卸载至边缘服务器执行的任务数量为 $n_{es}$，则此时的任务执行时间 $T_{es}$ 和移动终端的总能耗 $E_{es}$ 分别为

$$\begin{cases} T_{es} = \sum_{j=1}^{n_{es}} T_{es_j}^{\text{tra}} + \sum_{j=1}^{n_{es}} T_{es_j}^{\text{rec}} + \sum_{j=1}^{n_{es}} \dfrac{l_j}{f_{es_j}} \\ E_{es} = p_{tra} \times \sum_{j=1}^{n_{es}} T_{es_j}^{\text{tra}} + p_{rec} \times \sum_{j=1}^{n_{es}} T_{es_j}^{\text{rec}} + p_{\text{idle}} \times \sum_{j=1}^{n_{es}} \dfrac{l_j}{f_{es_j}} \end{cases} \tag{7.19}$$

其中，$l_j$ 为任务 $w_j$ 的负载，$f_{es_j}$ 为任务 $w_j$ 卸载所至的边缘服务器 $es_j$ 的计算能力，$T_{es_j}^{\text{tra}}$ 和 $T_{es_j}^{\text{rec}}$ 分别为任务 $w_j$ 在边缘服务器 $es_j$ 上的数据发送与接收时间。

通过定义 7.14 可知，移动终端与边缘服务器之间的瞬时数据传输速率同它们之间的距离相关。因此，$T_{es_j}^{\text{tra}}$ 和 $T_{es_j}^{\text{rec}}$ 需要根据移动终端的实际位置进行计算。

如图 7.15 所示，在备选路径给定的情况下，设 $(TraX_{\text{inti}}, TraY_{\text{inti}})$ 为移动终端

将任务 $w_j$ 所需数据发送至边缘服务器 $es_j$ 时的初始坐标，$IN_j$ 和 $OUT_j$ 分别为任务 $w_j$ 的输入数据量和输出数据量，智慧病床移动速度为 $v_{\text{sick}}$ m/s，网格边长为 $len_{\text{grid}}$ m，$(TraX_{\text{end}}, TraY_{\text{end}})$ 为数据发送结束时的位置。

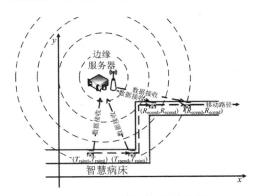

**图 7.15　边缘服务器能耗模型**

通过式(7.17)可知，无线信号的瞬时数据传输速率与通信双方之间的距离相关，由于各网格与边缘服务器之间距离不同，其瞬时数据传输速率也不相同。对于坐标为 $(x, y)$ 的网格和坐标为 $(x_{es}, y_{es})_j$ 的边缘服务器 $es_j$，不妨将其瞬时数据传输速率设为 $R_{d(|(x_{es}, y_{es})_j, (x,y)|)}$，则该网格内的数据传输量 $Data_{d(|(x_{es}, y_{es})_j, (x,y)|)}$ 为

$$Data_{d(|(x_{es}, y_{es})_j, (x,y)|)} = R_{d(|(x_{es}, y_{es})_j, (x,y)|)} \times \frac{len_{\text{grid}}}{v_{\text{sick}}} \tag{7.20}$$

当各网格内的数据传输量之和大于或等于任务 $w_j$ 的数据输入量时，则数据发送阶段结束。设在 $w_j$ 的数据发送过程中，移动终端通过的网格数为 $num_j^{\text{tra}}$，可由式(7.21)计算：

$$\begin{cases} \arg\min\limits_{num_j^{\text{tra}}} \left| \sum\limits_{g=1}^{num_j^{\text{tra}}} Data_{d(|(x_{es}, y_{es})_j, (x_g, y_g)|)} - IN_j \right| \\ \sum\limits_{g=1}^{num_j^{\text{tra}}} Data_{d(|(x_{es}, y_{es})_j, (x_g, y_g)|)} \geqslant IN_j \end{cases} \tag{7.21}$$

由此可计算 $w_j$ 的数据发送的 $T_{es_j^{\text{tra}}}$ 为

$$T_{es_j^{\text{tra}}} = \frac{num_j^{\text{tra}} \times len_{\text{grid}}}{v_{\text{sick}}} \tag{7.22}$$

由于移动终端的备选移动路径预先给定，如图 7.16 所示，数据发送阶段结束后，移动终端位置 $(TraX_{\text{end}}, TraY_{\text{end}})$ 为其初始位置 $(TraX_{\text{inti}}, TraY_{\text{inti}})$ 之后，在其移动路径上的第 $num_j^{\text{tra}}$ 个后续邻接网格位置（例如，网格 $(x_{k-1}, y_{k-1})$ 和网格 $(x_k, y_k)$ 在平面位置上相邻并可达，则称网格 $(x_k, y_k)$ 为网格 $(x_{k-1}, y_{k-1})$ 的后续第 1 个邻接网格）。

在边缘服务器执行完成任务 $w_j$ 后，需要将任务执行数据回传。设 $(RecX_{\text{inti}},$

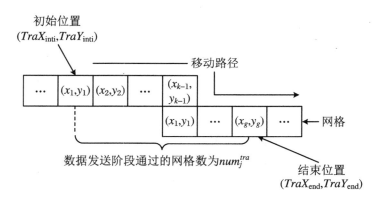

**图 7.16　移动终端数据发送过程**

$RecY_{\text{inti}}$)为此时移动终端接收数据的初始坐标,同理可计算其接收数据时间$T_{es_j^{rec}}$和数据接收结束时的位置坐标$(RecX_{\text{end}},RecY_{\text{end}})$。

**3. 任务执行延迟与任务迁移执行能耗模型**

如上文所述,当任务$w_j$卸载至边缘服务器时,数据发送阶段移动终端的位置从坐标$(TraX_{\text{inti}},TraY_{\text{inti}})$移动到坐标$(TraX_{\text{end}},TraY_{\text{end}})$;数据接收阶段移动终端的位置从坐标$(RecX_{\text{inti}},RecY_{\text{inti}})$移动到坐标$(RecX_{\text{end}},RecY_{\text{end}})$。然而,当坐标$(TraX_{\text{end}},TraY_{\text{end}})$或坐标$(RecX_{\text{end}},RecY_{\text{end}})$与边缘服务器之间的距离超过$d_{max}$时,则无法完成任务所需数据的发送或接收工作,此时存在以下四种情况:

(1) 如图 7.17 所示,当移动终端附近不存在其他满足无线通信条件的边缘服务器时,无法卸载该任务至边缘端。

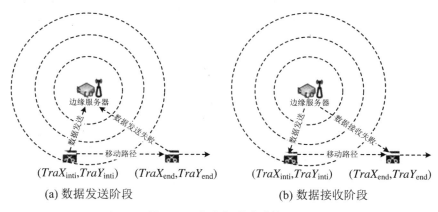

|  |  |
|---|---|
| (a) 数据发送阶段 | (b) 数据接收阶段 |

**图 7.17　任务卸载失败情形**

(2) 如图 7.18(a)所示,在数据发送阶段,当前无法卸载任务至边缘服务器,但在移动终端的移动路径上存在满足无线通信条件的边缘服务器时,可考虑任务延迟卸载。假设任务$w_j$的延迟执行时间为$T_{es_j^{delay}}$(若未延迟则$T_{es_j^{delay}}=0$),则此时的任务执行时间$T_{es}$和移动终端的总能耗$E_{es}$分别为

$$
\begin{cases}
T_{es} = \displaystyle\sum_{j=1}^{n_{es}} T_{es_j}^{\mathrm{tra}} + \sum_{j=1}^{n_{es}} T_{es_j}^{\mathrm{rec}} + \sum_{j=1}^{n_{es}} T_{es_j}^{\mathrm{delay}} + \sum_{j=1}^{n_{es}} \frac{l_j}{f_{es_j}} \\[4mm]
E_{es} = p_{\mathrm{tra}} \times \displaystyle\sum_{j=1}^{n_{es}} T_{es_j}^{\mathrm{tra}} + p_{\mathrm{rec}} \times \sum_{j=1}^{n_{es}} T_{es_j}^{\mathrm{rec}} + p_{\mathrm{idle}} \times \left( \sum_{j=1}^{n_{es}} \frac{l_j}{f_{es_j}} + \sum_{j=1}^{n_{es}} T_{es_j}^{\mathrm{delay}} \right)
\end{cases}
$$

$$(7.23)$$

（3）如图 7.18(b)所示，在数据接收阶段，由于移动终端已离开当前边缘服务器的无线信号范围，无法完成计算结果的回传。然而，终端的移动路径上存在满足无线通信条件的边缘服务器时，可采用以下两种方案进行任务迁移：① 将任务整体迁移至目标边缘服务器；② 将任务的计算结果迁移至目标边缘服务器。其中，方案①的任务迁移时间为任务输入数据的传输时间，而任务执行时间为任务在目标边缘服务器上的执行时间；方案②的任务迁移时间为任务计算结果的传输时间，任务执行时间为任务在当前边缘服务器上的执行时间。本章取上述两种方案中时间花费较小的方案中的迁移数据量代入进行计算，假设任务 $w_j$ 在进行迁移时数据传输速度为 $R_{\mathrm{migr}}$，任务迁移数据量为 $OUT_j^{\mathrm{migr}}$，则任务迁移时间 $T_{es_j}^{\mathrm{migr}} = \dfrac{OUT_j^{\mathrm{migr}}}{R_{\mathrm{migr}}}$，若任务未迁移则 $T_{es_j}^{\mathrm{migr}} = 0$。此时的任务执行时间 $T_{es}$ 和移动终端的总能耗 $E_{es}$ 分别为

$$
\begin{cases}
T_{es} = \displaystyle\sum_{j=1}^{n_{es}} T_{es_j}^{\mathrm{tra}} + \sum_{j=1}^{n_{es}} T_{es_j}^{\mathrm{rec}} + \sum_{j=1}^{n_{es}} T_{es_j}^{\mathrm{delay}} + \sum_{j=1}^{n_{es}} T_{es_j}^{\mathrm{migr}} + \sum_{j=1}^{n_{es}} \frac{l_j}{f_{es_j}} \\[4mm]
E_{es} = p_{\mathrm{tra}} \times \displaystyle\sum_{j=1}^{n_{es}} T_{es_j}^{\mathrm{tra}} + p_{\mathrm{rec}} \times \sum_{j=1}^{n_{es}} T_{es_j}^{\mathrm{rec}} \\[4mm]
\qquad\quad + p_{\mathrm{idle}} \times \left( \displaystyle\sum_{j=1}^{n_{es}} \frac{l_j}{f_{es_j}} + \sum_{j=1}^{n_{es}} T_{es_j}^{\mathrm{migr}} + \sum_{j=1}^{n_{es}} T_{es_j}^{\mathrm{delay}} \right)
\end{cases}
$$

$$(7.24)$$

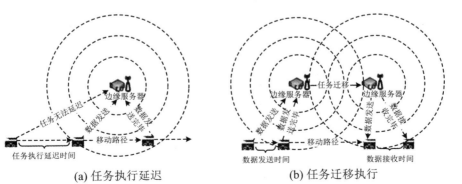

(a) 任务执行延迟　　　　　　　　(b) 任务迁移执行

**图 7.18　任务延迟执行及任务迁移执行**

（4）如图 7.18 所示,同时存在任务执行延迟和任务迁移执行的情形,则按式 (7.24)计算其延迟执行和迁移执行代价。

**4. 云服务器能耗模型**

当任务 $w_k$ 卸载至云服务器时,移动终端能耗由任务所需数据的发送能耗、执行结果数据的接收能耗以及移动终端的空闲能耗(任务在云端执行时的等待时间)组成。假设卸载至云端执行的任务数量为 $n_{cc}$,则此时的任务执行时间 $T_{cc}$ 和移动终端的总能耗 $E_{cc}$ 分别为

$$
\begin{cases}
T_{cc} = \sum_{k=1}^{n_{cc}} \dfrac{IN_k}{R_{cc}} + \sum_{k=1}^{n_{cc}} \dfrac{OUT_k}{R_{cc}} + \sum_{k=1}^{n_{cc}} \dfrac{l_k}{f_{cc}} \\
E_{cc} = p_{tra} \times \sum_{k=1}^{n_{cc}} \dfrac{IN_k}{R_{cc}} + p_{rec} \times \sum_{k=1}^{n_{cc}} \dfrac{OUT_k}{R_{cc}} + p_{idle} \times \sum_{k=1}^{n_{cc}} \dfrac{l_k}{f_{cc}}
\end{cases}
\tag{7.25}
$$

其中,$l_k$ 为任务 $w_k$ 的负载,$f_{cc}$ 为云服务器的计算能力。

**5. 移动终端位置更新**

假设移动终端初始位置为 $(x_{inti}, y_{inti})$,当任务被放置于移动终端、边缘服务器或云服务器执行时,根据上文所述任务卸载能耗模型可知,其执行时间分别为 $T_{mt}$、$T_{es}$、$T_{cc}$。任务执行完毕后,其位置应更新为移动路径上在其初始位置后第 $\dfrac{T_{mt} \times v_{sick}}{len_{grid}}$、$\dfrac{T_{es} \times v_{sick}}{len_{grid}}$、$\dfrac{T_{cc} \times v_{sick}}{len_{grid}}$ 个网格位置。

## 7.3.3　工作流任务卸载决策及调度算法

本节基于上文中构建的任务卸载能耗模型,设计工作流任务优先级划分算法、边缘服务器卸载优化算法及基于最佳移动路径的工作流任务卸载决策及调度算法。

**1. 工作流任务优先级划分算法**

工作流任务 $w_j$ 与其后续任务 $w_{j+1}$ 是通过等待时延联系起来的,执行优先级高的任务应当在优先级较低的任务之前执行完成。因此,假设任务的优先级数为 $N$,使用 $C = \{S^1, S^2, S^3, \cdots, S^N\}$ 表示任务优先级序列。其中 $S^i (i \in [1, N])$ 表示优先级为 $i$ 的任务执行矩阵(同一执行矩阵内任务可并行处理),$i$ 越小则执行优先级越高。$S^i$ 可表示为

$$
S^i = \begin{bmatrix}
s^i_{11} & s^i_{12} & s^i_{13} \\
s^i_{21} & s^i_{22} & s^i_{23} \\
\cdots & \cdots & \cdots \\
s^i_{m_i 1} & s^i_{m_i 2} & s^i_{m_i 3}
\end{bmatrix}
\tag{7.26}
$$

式(7.26)中设 $S^i$ 由 $m_i$ 个任务组成,其中任务 $w_j$ 的执行向量 $s^i_j = (s^i_{j1}, s^i_{j2}, s^i_{j3})$ 为一个三元组,$s^i_{j1} = 1$,$s^i_{j2} = 1$ 和 $s^i_{j3} = 1$ 分别表示任务 $w_j$ 在移动终端、边缘服务器或云

服务器执行,且满足以下条件:

$$s_{j1}^i + s_{j2}^i + s_{j3}^i = 1, \quad j \in \{1,2,\cdots,m\}; s_{j1}^i, s_{j2}^i, s_{j3}^i \in \{0,1\} \tag{7.27}$$

工作流任务优先级划分算法如下:

| 算法 1 | 工作流任务优先级划分算法 |
|---|---|
| 输入 | 工作流任务集合 $W = \{w_1, w_2, \cdots, w_v\}$ |
| 输出 | 工作流任务优先级划分序列 $C = \{S^1, S^2, S^3, \cdots, S^N\}$ |
| 1 | Do until $W = $ NULL |
| 2 | {For each $S^i \in C$ |
| 3 | {$S^i \leftarrow \{w_j \mid \text{indegree}(w_j) = 0, 1 \leqslant j \leqslant v\}$; //将任务 DAG 图中入度为 0 的任务放置于任务执行矩阵 $S^i$ 之中 |
| 4 | $W \leftarrow W - \{w_j\}, 1 \leqslant j \leqslant v$; //从工作流任务集合中删除 |
| 5 | For each immediate successor task $w_s$ of task $w_i$ |
| 6 | {indegree$(w_s) = $ indegree$(w_s) - 1$; |
| 7 | }//End for each immediate successor task $w_s$ of task $w_i$ |
| 8 | }//End for each $S^i \in C$ |
| 9 | }//End do until $W = NULL$ |

**2. 边缘服务器卸载优化算法**

当任务卸载至边缘服务器执行时,首先应获取可卸载边缘服务器集合,再结合移动终端的具体位置和任务计算量、输入输出数据量筛选最优可卸载边缘服务器,边缘服务器卸载优化算法如下:

| 算法 2 | 边缘服务器卸载优化算法 |
|---|---|
| 输入 | 待卸载工作流任务属性,边缘服务器集合 $ES = \{es_1, es_2, \cdots, es_u\}$,移动终端初始位置坐标$(x_{\text{inti}}, y_{\text{inti}})$ |
| 输出 | 最优可卸载边缘服务器 $tag\_ES$ 及当前移动终端位置 |
| 1 | For each $es_j \in ES$ |
| 2 | {if $d(\mid (x_{es}, y_{es})_j, (x_{\text{inti}}, y_{\text{inti}}) \mid) < d_{\max}$ |
| 3 | $ESset \leftarrow es_j$; //根据移动终端位置获取当前所有可卸载边缘服务器,初始化边缘服务器集合 $ESset$ |
| 4 | }//End For each $es_j \in ES$ |

续

| 算法 2 | 边缘服务器卸载优化算法 |
| --- | --- |
| 5 | if $ESset=NULL$//如果可卸载边缘服务器集合为空 |
| 6 | {Obtain delayed execution time by formula(7);//若 $ESset$ 为空,则查询终端移动路径上最近的边缘服务器,考虑任务延迟执行时间 $T_{es}^{delay}$(若无需延迟执行则 $T_{es}^{delay}=0$) |
| 7 | Update the position coordinates of mobile terminal;//更新移动终端坐标 |
| 8 | Return $tag\_ES$ ;//返回任务延迟执行情形下的候选边缘服务器 |
| 9 | }//End if |
| 10 | For each $es_j\in ESset$ |
| 11 | {predict the position coordinates of mobile terminal $(RecX_{end},RecY_{end})$//预测数据回传完毕时移动终端位置 |
| 12 | if $d(\|(x_{es},y_{es})_j,(RecX_{end},RecY_{end})\|)>d_{max}$//对于边缘服务器 $es_j$,如果移动终端位置超出边缘服务器的无线通信范围则无法回传任务执行数据 |
| 13 | {Calculate the migration time by formula(8);//若任务执行数据无法回传,则计算任务迁移执行时间 $T_{es}^{migr}$(若无需任务迁移则 $T_{es}^{migr}=0$) |
| 14 | }//End if |
| 15 | Calculate task execution time $T_{es}$ and energy consumption $E_{es}$ by formula(3) or formula(9);//根据任务是否需要迁移,计算任务在各可选边缘服务器上的执行时间和执行能耗 |
| 16 | Update the minimum energy consumption and execution time;//满足任务执行时间限制情况下更新最小任务执行能耗 |
| 17 | }//End For each $es_j\in ESset$ |
| 18 | Update the position coordinates of mobile terminal;//更新移动终端坐标 |
| 19 | Return $tag\_ES$ ;//返回最优可卸载边缘服务器 |

### 3. 基于最佳路径的工作流任务卸载决策及调度算法

在智慧医疗场景下,特别是在医院急救场景下,智慧病床的备选移动路径往往相对固定。例如,在手术室到监护室之间,一般存在多条备选路径,这些路径在建筑设计时往往就已预先拟定。然而,虽然各备选路径相对固定,仍需要根据工作流任务属性,计算各备选路径的最优卸载序列和任务调度方案。此后,在各备选路径的最优调度方案中选择任务时间约束下具有最少移动终端能耗的路径,作为所有备选路径中的最佳路径,并依此获取相应的最优任务调度方案。

本章基于遗传算法设计基于最佳路径的工作流任务卸载决策及调度算法(workflow task offloading strategy and scheduling algorithm based on the optimal pathway,WTOSSABOP)。在求解优化阶段,遗传算法首先对染色体个体进行解码,再结合终端的移动路径以及染色体解码得到的各任务卸载决策结果(如将任务卸载至边缘端,边缘服务器为算法 2 求解出的最优可卸载边缘服务器,并依此计算执行时间和执行能耗),产生整个工作流任务的调度方案。最后,通过适应度函数评价该染色体的优劣程度,算法的详细设计方案如下:

(1) 染色体编码

在遗传算法中,染色体对应解的编码,本章采用 0-1 编码方式对优先级相同的工作流任务进行编码,编码方法如式(7.26)、式(7.27)所示。设第 $k$ 代种群为 $C_k$,$C_k = \{S_k^1, S_k^2, \cdots, S_k^i, \cdots, S_k^N\}$,其中 $S_k^i$ 表示第 $k$ 代种群中,优先级为 $i$ 的矩阵染色体,如式(7.28)所示:

$$S_k^i = \begin{bmatrix} s_{11}^{i,k} & s_{12}^{i,k} & s_{13}^{i,k} \\ s_{21}^{i,k} & s_{22}^{i,k} & s_{23}^{i,k} \\ \cdots & \cdots & \cdots \\ s_{m_i 1}^{i,k} & s_{m_i 2}^{i,k} & s_{m_i 3}^{i,k} \end{bmatrix} \tag{7.28}$$

(2) 适应度函数

本章结合考虑终端移动性的任务卸载能耗模型,以及移动边缘环境下用户对工作流任务的执行响应时间约束,设计出一种新的评价移动终端能耗的适应度计算方法,用以衡量任务调度方案所产生的移动终端能耗,如式(7.29)、式(7.30)所示:

$$\begin{cases} T_s = T_{mt} + T_{es} + T_{cc} \\ E_s = E_{mt} + E_{es} + E_{cc} \end{cases} \tag{7.29}$$

$$fitness = \begin{cases} E_{max} - E_s, & T_{respond} \geqslant T_s \\ 0, & T_{respond} < T_s \end{cases} \tag{7.30}$$

其中,$T_s$ 表示工作流任务执行总时间,$E_s$ 表示移动终端总能耗,$E_{max}$ 为任务全部在移动终端执行时的总能耗,$T_{respond}$ 为用户要求的工作流任务执行响应时间约束。适应度越大的调度方案,其移动终端能耗就越低,反之则越高。当任务的执行时间不满足用户要求的任务执行响应时间约束时,认为适应度为 0。

(3) 选择操作

选择操作模拟了自然界中优胜劣汰的现象,利用选择操作可将当前群体中的优良基因复制到下一代群体,同时淘汰适应度较差的父代。本章的选择操作采用基于适应度比例的选择策略。比例选择策略是遗传算法中最为常用的选择操作方法,算法复杂度低,其中个体被选择的概率与染色体的适应度大小成正比。对于第 $k$ 代种群中,优先级为 $i$ 的第 $j$ 个任务被选中的概率如式(7.31)所示:

$$P_{sel} = P_k^{i,j} = \frac{fitness_k^{i,j}(X_j)}{\sum_{t=1}^{m_i} fitness_k^{i,t}(X_t)} \tag{7.31}$$

（4）交叉操作

交叉操作是通过互换两个染色体某些位置上的基因来构造下一代染色体,本章采用多行矩阵杂交的方法完成交叉操作,杂交概率为 $p_c(0<p_c<1)$。

（5）变异操作

变异操作是在当前群体中按照一定概率发生突变,从而产生新的个体。在遗传算法中,变异操作可以使得染色体具有更大的遍历性。由于本章通过矩阵编码产生染色体,因此变异针对矩阵染色体每一行来进行的,且应满足式(7.28)要求,设定染色体变异概率为 $p_m$。

（6）算法描述

| 算法 3 | 基于最佳移动路径的工作流任务卸载决策及调度算法 |
|---|---|
| 输入 | 工作流任务编号、优先级,移动终端性能属性,可选移动路径,边缘服务器及云服务器性能属性 |
| 输出 | 最佳路径,工作流任务调度方案 |
| 1 | For each moving pathway　//对于各备选路径分别求解最优卸载序列和任务调度方案,以找出最佳路径 |
| 2 | {Initial population generation；　//生成初始种群 |
| 3 | Calculate the fitness of initial population according to the moving pathway and the position coordinates；　//根据终端移动路径和位置坐标计算初始种群适应度 |
| 4 | k=0；　//设迭代次数初值 |
| 5 | While($k<$Maximum iterations)　//最大迭代次数 |
| 6 | {Selection operation；　//选择操作,选择与复制概率为 $P_{sel}$ |
| 7 | Interlace operation；　//交叉操作,交叉概率为 $P_c$ |
| 8 | Mutation operation；　//变异操作,变异概率为 $P_m$ |
| 9 | Calculate the fitness of the current population according to the moving pathway and position coordinates；　//根据终端移动路径和位置坐标计算当前种群适应度 |

续

| 算法 3 | 基于最佳移动路径的工作流任务卸载决策及调度算法 |
| --- | --- |
| 10 | $k++$；　//迭代次数增加 |
| 11 | ｝　//End While |
| 12 | Update the optimal pathway；　//更新最佳路径 |
| 13 | Update the minimum energy consumption and execution time；　//满足任务执行时间限制情况下更新最小任务执行能耗 |
| 14 | ｝　//End For each |

## 7.3.4　仿真实验及分析

为了分析和评估本章提出 WTOSSABOP 算法的性能,在 MATLAB R2017b 环境下进行了仿真实验。实验相关参数设置如下:移动终端的计算能力 $f_{mt}$ = 1 GHz,执行功率 $p_{exec}$ = 0.5 W,发送功率 $p_{tra}$ = 0.1 W,接收功率 $p_{rec}$ = 0.05 W,空闲功率 $p_{idle}$ = 0.02 W;移动终端与云数据中心的数据传输速率 $R_{cc}$ = 5 Mb/s,与边缘服务器的数据瞬时传输速率同信噪比以及两者之间的通信距离相关[172];边缘服务器计算能力 $f_{es}$ 服从[2~4 GHz]的均匀分布,云服务器的处理能力 $f_{cc}$ = 8 GHz。设定智慧医院场景为 400 m×100 m 的长方形区域,在智慧医疗场景下的智慧病床移动路径、边缘服务器数量及位置布局预先给定,在区域内呈均匀分布,网格大小设定为 1 m ＊ 1 m。工作流任务图随机生成,工作流任务数据量介于 1~5 GHz,每个任务的输入输出数据量介于 1~15 Mb,用户响应时间约束为工作流任务在处理能力为 1.4 GHz 虚拟机上平均执行时间的 2 倍。工作流任务类型与其通信/计算比 $CCR$ 有关,$CCR>1$ 表示该任务为通信密集型,而 $0<CCR<1$ 则表示该任务为计算密集型。

在以下实验中,本章首先在不同移动路径和边缘服务器数量的情况下,考察所构建的工作流任务卸载能耗模型以及任务调度算法的有效性。然后,在不同任务数和不同任务类型的情况下,从移动终端执行能耗和任务完工时间两方面对 WTOSSABOP 算法和其他 4 种任务卸载策略进行比较。对比策略包括 CLOUD、EDGE、MOBILE 和 LoPRTC,其中 CLOUD、EDGE、MOBILE 分别指工作流任务全部在云端、边缘端、移动终端执行。在所有仿真试验中实验结果采用 10 次实验的平均值。

**1. 模型的有效性**

(1) 路径选择对算法性能的影响

本实验在智慧医疗环境下,考察不同的移动路径选择对算法性能的影响,以验证本章提出算法的有效性。实验具体参数设置为:工作流任务数量设置为 50,边缘服务器数量设定为 5,任务类型 $CCR$ = 1.0,随机产生 10 条长度相同的移动路径

（标记为 Path 1~10），实验结果如图 7.19 所示。

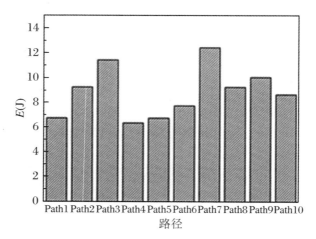

**图 7.19　不同移动路径下的任务执行能耗比较**

由图可见，当选择不同路径时，移动终端的能耗也不相同。对比 Path7 和 Path5 可见，对于同一工作流，Path7 所需能耗增加了 85.3%，可见选择最佳路径的重要性。在下述实验中，WTOSSABOP 算法总是预先计算和选择最佳路径。

（2）边缘服务器数量对算法性能的影响

本实验考察智慧医疗场景下边缘服务器数量变化对 WTOSSABOP 算法的影响。工作流中应用任务数量为 10、50、100 的 3 个工作流分别标记为 workflow_10，workflow_50，workflow_100，任务类型 $CCR = 1.0$，可卸载边缘服务器的数量变化范围为 [1,10]，实验结果如图 7.20 所示。

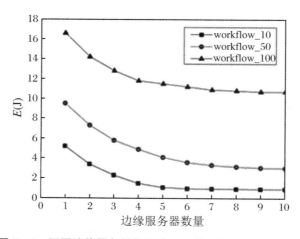

**图 7.20　不同边缘服务器数量情况下的任务执行能耗比较**

由图 7.20 可见，随着边缘服务器数量的增多，执行能耗逐步减少。值得注意的是，当边缘服务器数量大于 6 后，移动端执行能耗的减少速率明显变缓。这是因为任务调度受到了工作流 DAG 图结构和无线信号覆盖范围的限制,任务之间的偏序关系导致工作流的并发数低于计算资源的数量,从而导致部分计算资源空闲。因此,在部署边缘服务器时应充分考虑应用任务的类型和实际环境情况。

**2. 不同任务数情况下的算法性能比较**

本实验在不同任务数情况下,考察本章提出的 WTOSSABOP 算法的性能。实验具体参数设置为:工作流任务数量变化范围为[10,100],任务类型 $CCR = 1.0$,边缘服务器数量设定为 5,实验从移动端能耗和任务完工时间两个方面进行比较,实验结果如图 7.21、图 7.22 所示。

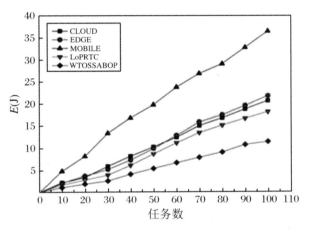

**图 7.21**　不同任务数情况下 WTOSSABOP、CLOUD、EDGE、MOBILE、
LoPRTC 的任务执行能耗比较

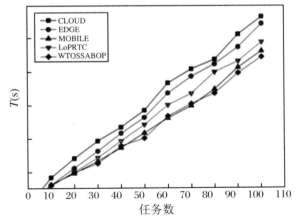

**图 7.22**　不同任务数情况下 WTOSSABOP、CLOUD、EDGE、MOBILE、
LoPRTC 的任务完工时间比较

由图 7.21、图 7.22 可见,当任务完全放置于移动终端本地执行时,移动终端能

耗最高,说明卸载任务至边缘服务器或云服务器可以有效降低移动终端能耗;而当任务完全卸载至云服务器或边缘服务器时,虽然移动终端能耗相对较低,但由于任务所需数据的传输时间过多,导致其任务完工时间较长。同时应注意到,将任务全部卸载至边缘端的终端能耗明显低于将任务全部卸载至云端,然而两类策略的任务完工时间却相差较少。这是由于部分任务卸载至边缘服务器时卸载失败,而进行任务迁移或任务重新卸载时导致的执行时间损失。

此外,同其他 4 种卸载策略相比,本章提出的 WTOSSABOP 算法在任务完工时间较少的情况下,移动终端能耗最低。相较 LoPRTC 算法,其能耗降低了 19.8%。这是因为 WTOSSABOP 结合了基于终端移动路径的边缘服务器卸载优化算法,构建了考虑终端移动性的任务能耗模型,同时从全局角度综合考虑任务在云端、边缘服务器和本地的执行效益,从而合理地分配计算资源。该实验结果充分说明该算法能够在用户响应时间约束下,充分降低移动终端能耗。

**3. 不同任务类型情况下的算法性能比较**

本实验在不同任务类型情况下,考察本章提出的 WTOSSABOP 算法的性能。实验具体参数设置为:工作流任务数量设置为 50,边缘服务器数量设定为 5,任务类型分别设置为 $CCR=0.1$、$CCR=1.0$、$CCR=10.0$,实验从移动端能耗和任务完工时间两个方面进行比较,实验结果如图 7.23、图 7.24 所示。

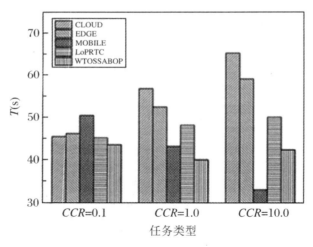

**图 7.23　不同任务类型情况下 WTOSSABOP、CLOUD、EDGE、MOBILE、LoPRTC 的任务完工时间比较**

由图 7.23 可见,当工作流任务为计算密集型时,将任务卸载至云端可以得到较短的任务完工时间,任务执行能耗也相对较低。而当任务为通信密集型时,将任务卸载至云端则会大大增加任务的完工时间,移动端进行数据传输所需能耗明显超过了直接在移动端执行任务所需的能耗;如果将计算任务完全放置在移动终端执行,则情况恰好相反。实验结果说明仅仅考虑单一的计算资源,无法应对各种类型工作流任务的实际需求。

与此同时,由图 7.24 可见 WTOSSABOP 算法在执行各类型工作流任务时,任务执行能耗都相对较低,说明该算法能够综合考虑计算卸载时移动终端、边缘服务器和云端的负载情况,自主选择卸载模式,从而保证在满足用户响应时间约束的前提下,有效降低终端能耗。

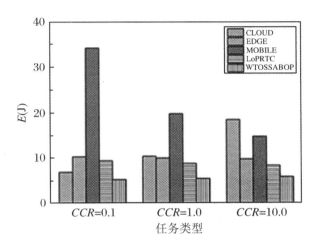

图 7.24　不同任务类型情况下 WTOSSABOP、CLOUD、EDGE、MOBILE、LoPRTC 的任务执行能耗比较

# 本 章 小 结

近年来,移动边缘计算研究受到国内外学者的广泛关注,作为移动边缘计算关键技术之一,计算卸载技术弥补了移动终端在资源存储、计算性能等方面的不足。针对传统的计算卸载策略缺乏对计算资源可信度进行评估的问题,本章借鉴社会学中的人际关系模型,同时考虑移动边缘计算环境下应用任务执行的特点,利用 Bayes 方法对移动终端、边缘服务器和云服务器的可信度进行评估,构建了移动边缘计算环境下各类计算资源之间的信任关系模型。在此基础上,结合信任模型和基于多重计算卸载策略的时间开销计算方法,设计了评价计算卸载策略可靠性以及时间开销的适应度计算方法,提出了移动边缘计算环境下基于信任模型的可靠多重计算卸载策略。仿真实验结果证实,提出的 TBMO 算法能够以较小的时间开销为代价,有效提高应用任务的执行成功率

针对现有的计算卸载策略并未考虑移动终端的移动性和计算任务的实时性问题,本章根据移动终端的实时位置、移动速率和移动路径构建了基于移动路径的工

作流任务执行时间及能耗模型,在此基础上提出了工作流任务优先级划分算法和边缘服务器卸载优化算法,最后从全局角度综合考虑任务在云端、边缘服务器和本地的执行效益,使用遗传算法设计基于最佳移动路径的工作流任务卸载决策及调度算法,以挑选最佳路径,获取用户响应时间约束下的具有最少移动终端能耗的任务调度方案。仿真实验结果说明算法能够在用户响应时间约束下,合理地分配计算资源,充分降低移动终端能耗。

# 参 考 文 献

[1] 武燕. 分布估计算法研究及在动态优化问题中的应用[D]. 西安: 西安电子科技大学, 2009.

[2] 曹勇. 动态优化问题的进化求解策略[D]. 合肥: 中国科学技术大学, 2010.

[3] 武燕, 王宇平, 刘小雄. 求解动态优化问题的多群体 UMDA[J]. 控制与决策, 2008, 23 (12): 1401-1412.

[4] 徐峰, 张铃, 王伦文. 基于商空间理论的模糊粒度计算方法[J]. 模式识别与人工智能, 2004, 12(2): 424-429.

[5] 王国胤, 张清华, 胡军. 粒计算研究综述[J]. 智能系统学报, 2007, 2(6): 8-26.

[6] Yao Y Y. Granular computing: basic issues and possible solutions[C]//Proc. of the 5th Joint Conference on Information Sciences. 2000: 186-189.

[7] Lin T Y. Data mining and machine oriented modeling: a granular computing approach [J]. Journal of Applied Intelligence, 2000, 13(2): 113-124.

[8] Lin T Y. Granular computing rough set perspective[J]. The Newsletter of the IEEE Computational Intelligence Society, 2005, 2(4): 1543-4281.

[9] 李道国, 苗夺谦, 张红云. 粒度计算的理论、模型与方法[J]. 复旦学报(自然科学版), 2004, 43(5): 837-841.

[10] 王飞跃. 词计算和语言动力学系统的计算理论框架[J]. 模式识别与人工智能, 2001, 14 (4): 377-384.

[11] Yao Y Y. A note on definability and approximations[C]//Transactions on rough sets VII. Berlin Heidelberg: Springer, 2007: 274-282.

[12] Pawlak Z. Rough sets[J]. International Journal of Computer and Information Science, 1982, 11(5): 341-356.

[13] 王国胤, 张清华. 不同知识粒度下粗糙集的不确定性研究[J]. 计算机学报, 31(9), 2008: 1588-1598.

[14] 祝峰, 何华灿. 粗集的公理化[J]. 计算机学报, 2000, 23(3): 330-333.

[15] 张钹, 张铃. 问题求解理论及应用[M]. 北京: 清华大学出版社, 1990.

[16] 张铃, 张钹. 问题求解理论及应用: 商空间粒度计算理论及应用[M]. 北京: 清华大学出版社, 2007.

[17] 张燕平, 罗斌, 姚一豫, 等. 商空间与粒计算: 结构化问题求解理论与方法[M]. 北京: 科学出版社, 2010: 1-114.

[18] 刘仁金. 基于商空间的纹理图像分割研究[D]. 合肥: 安徽大学, 2005.

[19] 周红芳,刘园,谈姝辰.基于商空间理论的 K-means 改进算法[J].西安理工大学学报,2013,29(4):400-405.

[20] 刘岩,李友一,陈占军,等.基于商空间理论的模糊控制在航空相机中的应用[J].南京航空航天大学学报,2006,35(S1):137-149.

[21] 何富贵.商空间理论在网络路径分析中研究[D].合肥:安徽大学,2011.

[22] 陈洁.商空间的粒化关键技术及问题求解研究[D].合肥:安徽大学,2013.

[23] Hart E, Ross P. An immune system approach to scheduling in changing environments [C]//Proc. the 1999 Genetic and Evolutionary Computation Conference (GECCO 1999).1999:1559-1566.

[24] Yin W, Liu M, Wu C. Associating memory through case-based immune mechanisms for dynamic job scheduling[J].Tsinghua Science and Technology,2004,9(4):422-427.

[25] Ra S, Park G, Kim C H, et al. PCA-based genetic operator for evolving movements of humanoid robot[C]//Proc. the 2008 IEEE Congress on Evolutionary Computation (CEC'2008). Hong Kong,China,2008:1219-1225.

[26] Cheng H, Yang S. Genetic algorithms with elitism-based immigrants for dynamic shortest path problem in mobile ad hoc networks[C]//Proc. the 2009 IEEE Congress on Evolutionary Computation (CEC'2009).2009:3135-3140.

[27] Yang S,Cheng H,Wang F. Genetic algorithms with immigrants and memory schemes for dynamic shortest path routing problems in mobile ad hoc networks[J]. IEEE Transactions on Systems,Man,and Cybernetics Part C:Applications and Reviews,2009.

[28] Bendtsen C,Krink T. Dynamic memory model for non-stationary optimization[C]// Evolutionary Computation Proceedings of the Congress on IEEE.2002:352-366.

[29] Cervantes A,Biegler L T. Optimization strategies for dynamic systems[J].Encyclopedia of Optimization,2009,4:216-227.

[30] 周游.基于粒子群优化的动态优化研究[D].杭州:浙江大学,2014.

[31] Pollard G,Sargent R. Off line computation of optimum controls for a plate distillation column[J].Automatica,1970,6(1):59-76.

[32] Binder T,Cruse A,Cruz C A. Dynamic optimization using a wavelet based adaptive control vector parameterization strategy[J].Computers & Chemical Engineering,2000,24(2):1201-1207.

[33] Biegler L T. Solution of dynamic optimization problems by successive quadratic programming and orthogonal collocation[J].Computers & Chemical Engineering,1984,8(3):243-247.

[34] Luus R. Optimal control by dynamic programming using accessible grid points and region reduction[J].Hungarian Journal of Industrial Chemistry,1989,17(4):523-543.

[35] Luus R. Optimal control by dynamic programming using systematic reduction in grid size [J]. International Journal of Control,1990,51(5):995-1013.

[36] Luus R. Application of iterative dynamic-programming to state constrained optimal-control problems[J].Hungarian Journal of Industrial Chemistry,1991,19(4):245-254.

[37] 吴高辉.动态优化研究及其工业应用[D].杭州:浙江大学,2007.

[38]　宋箐,曹竹安.迭代动态规划在系统最优化中的应用[J].化工学报,50(1):191-199.

[39]　Bojkov B,Luus R. Optimal control of nonlinear systems with unspecified final times[J]. Chemical Engineering Science,1996,51(6):905-919.

[40]　Mekarapiruk W,Luus R. Optimal control by iterative dynamic programming with deterministic and random candidates for control[J]. Industrial & Engineering Chemistry Research,2000,39(1):84-91.

[41]　Pham Q T. Dynamic optimization of chemical engineering processes by an evolutionary method[J]. Computers & Chemical Engineering,1998,22(7/8):1089-1097.

[42]　Sarkar D,Modak J M. Optimisation of fed-batch bioreactors using genetic algorithms [J]. Chemical Engineering Science,2003,58(11):2283-2296.

[43]　郑金华.多目标进化算法及其应用[M].北京:科学出版社,2007.

[44]　Zhang Z H. Multi-objective optimization immune algorithm in dynamic environments and its application to greenhouse control[J]. Applied Soft Computing,2008,8(2):959-971.

[45]　Deb K. A fast and elitist multi-objective genetic algorithm:NSGA-Ò[J]. IEEE Transactions on Evolutionary Computerion,2002,6(2):182-197.

[46]　钱淑渠,张著洪.动态多目标免疫优化算法及性能测试研究[J].智能系统学报,2007,2 (5):68-77.

[47]　Yang S,Yao X. Experimental study on population-based incremental learning algorithms for dynamic optimization problems[J]. Soft Computing,2005,9:815-834

[48]　Yuan B,Orlowska M,Sadiq S. Extending a class of continuous estimation of distribution algorithms to dynamic problems[J]. Optimization Letters,2008,2:433-443.

[49]　Murugesan S,Schniter P,Shroff N B. Multiuser scheduling in a Markov-modeled downlink using randomly delayed ARQ feedback[J]. IEEE Transactions on Information Theory,2012,58(2):1025-1042.

[50]　Maillart L M,Cassady C R,Rainwater C,et al. Selective maintenance decision-making over extended planning horizons[J]. IEEE Transactions on Reliability,2009,58(3):462-469.

[51]　张清华,幸禹可,周玉兰.基于粒计算的增量式知识获取方法[J].电子与信息学报,33(2):435-441.

[52]　张铃,张钹.动态商空间模型及其基本性质[J].模式识别与人工智能,2012,25(2):181-185.

[53]　张铃.动态网络上最大流概念及其性质的研究[J].模式识别与人工智能,2013,26(7):609-614.

[54]　钱宇华.基于粗集的粒度计算理论与方法研究[D].太原:山西大学,2011.

[55]　陶永芹,崔杜武.基于动态模糊粒神经网络算法的负荷辨识[J].控制与决策,2011,26(4):519-529.

[56]　顾洁,杨熠娟,施伟国.基于粒计算的电力系统中长期负荷动态聚类预测模型[J].电网技术,2009,33(20):120-125.

[57]　张钧波,李天瑞,潘毅,等.云平台下基于粗糙集的并行增量知识更新算法[J].软件学报,

2015,26(5):1064-1078.

[58]　王国胤,姚一豫,于洪.粗糙集理论与应用研究综述[J].计算机学报,2009,32(7):1230-1246.

[59]　薛志远,张清华.复合粒计算模型研究进展[J].重庆邮电大学学报(自然科学版),2010,22(5):631-639.

[60]　张铃,张钹.模糊商空间理论(模糊粒度计算方法)[J].软件学报,2003,14(4):770-776.

[61]　赵立权.模糊集、粗糙集和商空间理论的比较研究[J].计算机工程,2011,37(2):22-24.

[62]　Zhang L,Zhang B. The theory and application of tolerance relations[J]. International Journal of Granular Computing,2009,1(2):179-189.

[63]　Zhang L,Zhang B. Fuzzy tolerance quotient spaces and fuzzy subsets[J]. Science China Information Sciences,2010,53(4):704-714.

[64]　张铃,张钹,张燕平.模糊度的结构分析[J].中国科学:信息科学,2011,41:820-832.

[65]　张铃,张钹.模糊相容商空间与模糊子集[J].中国科学:信息科学,2011,41:1-11.

[66]　张清华.一种分层递阶的模糊决策方法[J].微电子学与计算机,2009,26(2):118-126.

[67]　张清华,王国胤,刘显全.分层递阶的模糊商空间结构分析[J].模式识别与人工智能,2008,21(5):627-634.

[68]　陈杰,吴狄,张娟.分布式仿真系统层次设计商空间粒计算模型[J].自动化学报,2010,36(7):923-930.

[68]　夏纯中,宋顺林.基于商空间的层次式数据网格资源调度算法[J].通信学报,34(6):146-155.

[69]　Wang Y,Zhu S. Perceptual scale-space and its applications[J]. International Journal of Computer Vision,2008,80(1):143-165.

[70]　Tan T N. Texture edge detection by modeling visual cortical channels[J]. Pattern Recognition,1995,28(9):1283-1298.

[71]　Jain A K,Farrokhnia F. Unsupervised texture segmentation using Gabor filters[J]. Pattern Recognition,1991,24(12):1167-1186.

[72]　Liu P. Cloud omputing[M]. Beijing:Publishing House of Electronics Industry,2011.

[73]　Foster I,Zhao Y,Riau I,et al. Cloud computing and grid computing 360-degree compared[C]. Proc. of the Grid Computing Environments Workshop. New York:IEEE,2008:1-10.

[74]　Buyya R,Yeo C S,Venugopal S. Cloud computing and emerging IT platforms:vision,hype,and reality for delivering computing as the 5th utility[J]. Future Generation Computer Systems,2009,25(6):599-616.

[75]　Zhao C H,Zhang S S,Liu Q F,et al. Independent tasks scheduling based on genetic algorithm in cloud computing[C]. The 5th International Conference on Wireless Communication:Networking and Mobile Computing. 2009,VOLS1-8:5548-5551.

[76]　李建锋,彭舰.云计算环境下基于改进遗传算法的任务调度算法[J].计算机应用,2011,31(1):184-186.

[77]　刘永,王新华,邢长明,等.云计算环境下基于蚁群优化算法的资源调度策略[J].计算机研究与发展,2011,21(9):19-23.

[78]　Cao J W, Daniel P. Agent-based grid load balan-cing using performance-driven task scheduling[C]//International Parallel and Distributed Processing Symposium. 2003: 49-58.

[79]　Buyya R, Abramson D, Giddy J, et al. Economic models for resource management and scheduling in grid computing[J]. Concurrency and Computing, 2002, 14: 1507-1542.

[80]　Nimis J, Anandasivam A, Borissov N, et al. SORMA-business cases for an open grid market: concept and implementation[C]//Proceedings of the 5th international workshop on Grid Economics and Business Models(GECON'08). 2008: 173-184

[81]　Younge A J, Von Laszewski, Wang L Z. Efficient resource management for cloud computing environments[C]//Green Computing International Conference, 2010: 357-364.

[82]　Song H, Yang S, Wu B, et al. An Optimal Algorithm for Scheduling Tasks within Deadline and Budget Constraints[C]//The 5th International Joint Conference on INC, IMS and IDC(NCM2009). 2009: 62-65.

[83]　Buyya R, Murshed M M, Abramson D, et al. Scheduling parameter sweep applications on global grids: a deadline and budget constrained cost-time optimization algorithm[J]. Software Practice and Experience, 2005, 35(5): 491-512.

[84]　高宏卿, 邢颖. 基于经济学的云资源管理模型研究[J]. 计算机工程与设计, 2010, 31(19): 4139-4212.

[85]　Xu B M, Zhao C Y, Hu Z, et al. Job scheduling algorithm based on Burger model in cloud envirnonment[J]. Advances in Engineering Software, 2011(42): 419-425.

[86]　Neumann D, Stöber, Weinhardt C. Bridging the adoption gap: developing a roadmap for trading in grids[J]. Electronic Markets, 2008, 18(1): 65-74.

[87]　Miao D Q, Wang G Y, Liu Q, et al. Granular computing: past, present and future[M]. Beijing: Science Press, 2007.

[88]　胡建强, 李涓子, 廖桂平. 一种基于多维服务质量的局部最优服务选择模型[J]. 计算机学报. 2010, 33(3): 526-532.

[89]　Han J W, Kamber M. Data mining: concepts and techniques[M]. California: Morgan Kaufmann Publishers, Inc, 2000.

[90]　Calheiros R N, Ranjan R, Beloglazov A, et al. CloudSim: a toolkit for modeling and simulation of cloud computing environments and evaluation of resource provisioning algorithms[J]. Software Practice & Experience, 2011, 41(1): 23-50.

[91]　Belalem G, Tayeb F Z, Zaoui W. Approaches to improve the resources management in the simulator CloudSim[C]//Proc. of the First International Conference of Information Computing and Applications. Heidelberg: Springer Verlag Press, 2010: 189-196.

[92]　Singh M, Suri P K. QPS max-min min-min: a QoS based predictive max-min, min-min switcher algorithm for job scheduling in a grid[J]. Information Technology Journal, 2008, 7(8): 1176-1181.

[93]　Berger J, Cohen B P, Conner T L, et al. Status characteristics and expectation states: a process model[C]//Sociological Theories in Progress. Boston: Houghton, 1966: 47-74.

[ 94 ]  Kumar S, Dutta K, Mookerjee V. Maximizing business value by optimal assignment of jobs to resources in grid computing[J]. European Journal of Operational Research, 2009,194(3):856-872.

[ 95 ]  张燕平,张铃,吴涛. 不同粒度世界的描述法-商空间法[J]. 计算机学报,2004,27(3): 328-333.

[ 96 ]  Zhang L, He F G, Zhang Y P, et al. A new algorithm for optimal path finding in complex networks based on the quotient space[J]. Fundamenta Informaticae,2009,93(4): 459-469.

[ 97 ]  He F G, Zhang Y, Zhao S, et al. Computing the point-to-point shortest path:quotient space theory's application in complex network[C]//RSKT 2010, LNAI 6401. Heidelberg:Springer,2010:751-758.

[ 98 ]  Zhang F G, Xu X S, Hua B, et al. Contracting community for computing maximum flow [C]//2012 IEEE International Conference on Granular Computing. 2012:773-778.

[ 99 ]  郑诚,张铃. 网络分析中求最大流的商空间方法[J]. 计算机学报,2014,37(15):1-10.

[100]  陈洁,张燕平,赵姝. 一种结构化描述方法:保序性与或图[J]. 南京大学学报,2013,49 (2):196-202.

[101]  何富贵,张燕平,陈洁,等. 商拓扑结构变化的信息分析模型[J]. 中国科技论文在线, 2010,5(2):124-128.

[102]  何富贵,张燕平,赵姝,等. 基于商拓扑结构的序列构成和预测[J]. 计算机工程,2008,34 (5):185-187.

[103]  曾法力,李爱平,谢楠. 基于商空间的可重构机床粒计算方法研究 [J]. 同济大学学报(自 然科学版),2012,40(6):914-920.

[104]  郝景. 偏序幺半群作用和模糊粗糙集研究[D]. 长沙:湖南大学,2012.

[105]  Wang W, Zeng G S, et al. Dynamic trusted scheduling for cloud computing[J]. Expert Systems With Applications,2012,39(2):2321-2329.

[106]  Jasang A, Ismail R. The beta reputation system[C]//Proceedings of the 15th Bled Conference on Electronic Commerce. Bled,Slovenia. 2002.

[107]  Hecherman. A tutorial on learning with Bayesian networks[R]//Technical Report MSR-TR-95-06,Microsoft Research Advanced Technology Division. Microsoft Corporation. 1995.

[108]  王伟,曾国苏. 一种基于 Bayes 信任模型的可信动态级调度算法[J]. 中国科学 E 辑:信息 科学,2007,37(2):285-296.

[109]  Dijkstra E W. A note on two problems in connexion with graphs[J]. Numerische Mathematik,1959,1(1):269-271,1959.

[110]  Bellman, Richard. On a routing problem[J]. Quarterly of Applied Mathematics,1958: 16(1):87-90.

[111]  Donald B. Efficient algorithms for shortest paths in sparse networks[J]. Journal of ACM,1977,24 (1):1-13.

[112]  Hart P E, Nilsson N J, Raphael. B. A formal basis for the heuristic determination of minimum cost paths[J]. IEEE Transactions on Systems Science and Cybernetics,1968,4

(2):100-107.

[113] Larson R,Odoni A. Shortest paths between all pairs of nodes[R]. Urban Operations Research,1981.

[114] Car A,Taylor G,Brunsdon C. An analysis of the performance of a hierarchical way finding computational model using synthetic graphs[J]. Computers,Environment and Urban Systems,2001,25:69-88.

[115] Mohring R H,Schilling H,Schutz B,et al. Partitioning graphs to speed up dijkstra's algorithm[J]. Experimental and Efficient Algorithms,2005,3502:189-202.

[116] Maue J,Sanders P,Matijevic D. Goal-directed shortest-path queries using precomputed cluster distances[J]. ACM Journal of Experimental Algorithms,2009,4(3):1-27.

[117] 吴京,景宁,陈宏盛. 最佳路径的层次编码及查询算法[J]. 计算机学报,2000,23(2):184-189.

[118] Yin H Y,Xu L Q. Measuring the structural vulnerability of road network:a network efficiency perspective[J]. Journal of ShangHai JiaoTong University,2010,15(6):736-742.

[119] Rajkumar B,Shin Y C,Venugopal S,et al. Cloud computing and emerging IT platforms:vision,hype,and reality for delivering computing as the 5th utility[J]. Future Generation Computer Systems,2009,25(6):599-616.

[120] Darbha S,Agrawal D P. Optimal scheduling algorithm for distributed memory machines[J]. IEEE Transactions on Parallel and Distributed Systems,2002,9(1):87-95.

[121] Lee Y C,Zomaya A Y. A novel state transition method for metaheuristic-based scheduling in heterogeneous computing systems[J]. IEEE Transactions on Parallel and Distributed Systems,2008,19(9):1215-1223.

[122] Zhu D,Mosse D,Melhem R. Power-aware scheduling for and/or graphs in real-time systems[J]. IEEE Transactions on Parallel and Distributed Systems,2004,15(9):849-864.

[123] Kim K H,Buyya R,Kim J. Power aware scheduling of bag-of-tasks applications with deadline constraints on DVS-enabled clusters[C]//Proceedings of the 7th IEEE International Symposium on Cluster Computing and the Grid. 2007:541-548.

[124] Bunde D P. Power-aware scheduling for makespan and flow[J]. Journal of Scheduling,2009,12(5):489-500.

[125] Li M S,Yang S B,Fu Q F,et al. A grid resource transaction model based on compensation[J]. Journal of Software,2006,17(3):472-480.

[126] Buyya R,Murshed M M,Abramson D,et al. Scheduling parameter sweep applications on global grids:a deadline and budget constrained cost-time optimization algorithm[J]. Software Practice and Experience,2005,35(5):491-512.

[127] Blanco C V,Huedo E,Montero R S,et al. Llorente. Dynamic provision of computing resources from grid infrastructures and cloud providers[C]//Grid and Pervasive Computing Conference. 2009:113-120.

[128] Topcuoglu H,Hariri S,Wu M Y. Performance-effective and low complexity task sched-

uling for heterogeneous computing[J]. IEEE Transactions on Parallel and Distributed Systems,2002,13(3):260-274.

[129] Mezmaz M,Melab N,Kessaci Y,et al. A parallel bi-objective hybrid metaheuristic for energy-aware scheduling for cloud computing systems[J]. Journal of Parallel and Distributed Computing,2011,71(10):1497-1508.

[130] Dogan A,Ozguner F. Reliable matching and scheduling of precedence constrained tasks in heterogeneous distributed computing[C]//Proceedings of the 29th International Conference on Parallel Processing. Toronto, Canada: IEEE Computer Society, 2000: 307-314.

[131] Dogan A,Ozguner F. Matching and scheduling algorithms for minimizing execution time and failure probability of applications in heterogeneous computing[J]. IEEE Transactions on Parallel and Distributed Systems,2002,13(3),308-323.

[132] Dai Y S,Xie M. Reliability of grid service systems[J]. Computers and Industrial Engineering,2006,50(1/2):130-147.

[133] Levitin G,Dai Y S. Service reliability and performance in grid system with star topology[J]. Reliability Engineering and System Safety,2007,92(1):40-46.

[134] Foster I,Zhao Y,Raicu I,Lu S. Cloud computing and grid computing 360-degree compared[C]//IEEE Grid Computing Environments (GCE 2008). Texa, USA. 2008.

[135] Blaze Matt,Feigenbaum Joan,et al. Decentralized trust management[C]//Proc of the IEEE Computer Society Symp on Research in Security and Privacy. Washington, DC: IEEE Computer Society,1996:164-173.

[136] Josang A. Trust-Based decision making for electronic transactions[C]//Proceedings of the 4th Nordic Workshop on Secure Computer Systems. 1999.

[137] Josang A. A logic for uncertain probabilities[J]. International Journal of Uncertainty, Fuzziness and Knowledge-Based Systems,2001,9(3):279-311.

[138] Wang W,Zeng G S,Yuan L L. A reputation multi-agent system in semantic web[C]// Proceedings of the 9th Pacific Rim International Workshop on Multi-Agents. LNAI, Guilin,2006:211-219.

[139] Wang W,Zeng G S,Tang D Z,et al. Cloud-DLS:dynamic trusted scheduling for cloud computing[J]. Expert Systems with Applications,2012,39(5):2321-2329.

[140] Mui L,Mohtashemi M. Halberstadt M. A computational model of trust and reputation [C]//Proceedings of the 35th Hawaii International Conference on System Sciences. 2002.

[141] Thomas L,John S J. Bayesian methods:an analysis of statisticians and interdisciplinary [M]. New York:Cambridge University Press,1999.

[142] Jameel H,Hung L X,Kalim U,et al. A trust model for ubiquitous systems based on vectors of trust values[C]//Proc. of the 7th IEEE International Symp. on Multimedia. Washington:IEEE Computer Society Press,2005:674-679.

[143] 时金桥,程晓明. 匿名通信系统中自私行为的惩罚机制研究[J]. 通信学报,2006,27(2): 80-86.

[144] Josang A, Ismail R. The betareputation system[C]//Proceedings of the Bled Conference on Electronic Commerce. Bled, Slovenia. 2002.

[145] Sih G C, Lee E A. A compile-time scheduling heuristic for interconnection-constraint heterogeneous processor architectures[J]. IEEE Transactions on Parallel and Distributed Systems, 1993, 4(2): 175-187.

[146] Peterson L, Bavier A, Fiuczynski M, et al. Towards a comprehensive planet lab Architecture[R]//Technical Report PDN-05-030. PlanetLab Consortium. 2005.

[147] Calheiros R N, Ranjan R, De Rose C A F, et al. CloudSim: a novel framework for modeling and simulation of cloud computing infrastructures and services[R]//Technical Report, GRIDS-TR-2009-1, Grid Computing and Distributed Systems Laboratory, The University of Melbourne, Australia. 2009.

[148] Pradhan D K, Vaidya N H. Roll-forward check pointing scheme: a novel fault-tolerant architecture[J]. IEEE Transactions on Computers, 1994, 43(10): 1163-1174.

[149] Treaster M. A Survey of Fault-tolerance and Fault-recovery Techniques in Parallel Systems[R]//ACM Computing Research Repository (CoRR). 2005: 1-11.

[150] Abawajy J H. Fault-tolerant scheduling policy for grid computing systems[C]//Proceedings of the 19th IEEE Internationalconference on Parallel & Distributed Processing Symposium. USA: IEEE Press, 2004: 50-58.

[151] Guo S C, Huang H Z, Liu Y. Modeling and analysis of grid service reliability considering fault recovery[J]. New Generation Computing, 2011, 29(2011): 345-364.

[152] 施巍松, 孙辉, 曹杰, 等. 边缘计算: 万物互联时代新型计算模型[J]. 计算机研究与发展, 2017, 54(5): 907-924.

[153] 施巍松, 张星洲, 王一帆, 等. 边缘计算: 现状与展望[J]. 计算机研究与发展, 2019, 56(1): 73-93.

[154] 倪明选, 张黔, 谭浩宇, 等. 智慧医疗: 从物联网到云计算[J]. 中国科学: 信息科学, 2013, 43(4): 515-528.

[155] 邱宇, 王持, 齐开悦, 等. 智慧健康研究综述: 从云端到边缘的系统[J]. 计算机研究与发展, 2019, 57(1): 53-73.

[156] Chamla V, Tham C K, Chalapathi G S S. Latency aware mobile task assignment and load balancing for edge cloudlets[C]//2017 IEEE International Conference on Pervasive Computing and Communications Workshops (PerCom Workshops). Kona: IEEE, 2017: 587-592.

[157] Kuang Z K, Guo S T, Liu J D, et al. A quick-response framework for multi-user computation off loading in mobile cloud computing[J]. Future Generation Computer Systems, 2018, 81(4): 166-176.

[158] Zhang J, Hu X P, Ning Z L, et al. Energy-latency tradeoff for energy-aware offloading in mobile edge computing networks[J]. IEEE Internet of Things Journal, 2018, 5(4): 2633-2645.

[159] Wang X, Luo D. Energy efficiency based resource schedule in mobile cloud computing[J]. Journal of Computational and Theoretical Nanoscience, 2015, 12(2): 239-243.

[160] 袁友伟,刘恒初,俞东进,等.面向边缘侧卸载优化的工作流动态关键路径调度算法[J].计算机集成制造系统,2019,25(4):798-808.

[161] 徐佳,李学俊,丁瑞苗,等.移动边缘计算中能耗优化的多重资源计算卸载策略[J].计算机集成制造系统,2019,25(4):954-961.

[162] Min C,Mao S,Liu Y. Big data:a survey[J]. Mobile Networks & Applications,2014,19(2):171-209.

[163] 谢人超,廉晓飞,贾庆,等.移动边缘计算卸载技术综述[J].通信学报,2018,39(11):142-159.

[164] Nan Y,Li W,Bao W,et al. Adaptive energy-aware computation offloading for cloud of things systems[J]. IEEE Access,2017,5:23947-23957.

[165] Chen M,Qian Y F,Chen J,et al. Privacy protection and intrusion avoidance for cloudlet-based medical data sharing[J]. IEEE Transactions on Cloud Computing,2016,2(4):2529-2533.

[166] Zhao H L,Deng S G,Zhang C,et al. A mobility-aware cross-edge computation offloading framework for partitionable applications [C]//2019 The International Conference on Web Services(ICWS). Milan:IEEE,2019:193-200.

[167] Nadembega A,Hafid A S,Brisebois R. Mobility prediction model-based service migration procedure for follow me cloud to support QoS and QoE[C]//2016 IEEE International Conference on Communications. Kuala Lumpur:IEEE,2016:1-6.

[168] Wang S,Urgaonkar R,He T,et al. Dynamic service placement for mobile micro-clouds with predicted future costs[J]. IEEE Transactions on Parallel & Distributed Systems,2017,28(4):1002-1016.

[169] Zhu T,Shi T,Li J,et al. Task scheduling in deadline-aware mobile edge computing systems[J]. IEEE Internet of Things Journal,2019,6(3):4854-4866.

[170] Komnios I,Tsapeli F,Gorinsky S. Cost-effective multi-mode offloading with peer-assisted communications[J]. Ad. Hoc Networks,2015,25:370-382.

[171] Wang W,Zhou W. Computational offloading with delay and capacity constraints in mobile edge[C]//2017 IEEE International Conference on Communications. Paris:IEEE,2017:1-6.

[172] Calheiros R N,Ranjan R,Rose D,et al. CloudSim:a novel framework for modeling and simulation of cloud computing infrastructures and services[R]. Melbourne:Grid Computing and Distributed Systems Laboratory,The University of Melbourne. 2009.